やさしくわかる

社会人になるための キャリア情報リテラシー

～社会人の心得・スキル、就職活動、ライフプラン～

柴岡信一郎［監著］

岩田諭、渋井二三男、鳥井佑亮、土屋理恵、浜野由美、武居由美、山下聖美［共著］

技術評論社

■ ライフプラン表

名前 ____________________

目標	取り組み

西暦	私						イベント	目標

西暦	私						イベント	目標

ライフプラン表の書き方と書き込み例について

● ライフプラン表の書き方

ライフプラン表には、大学に入学する年齢から53年間のイベントや目標を書き込むことができます。例えば、18歳で入学した場合、71歳までを書き込むことができます。

ライフプラン表の上欄では、自分の「目標」や「取り組み」を書き込みます。将来の目標やこれから取り組みたいことを箇条書きにして書き込んでみましょう。

下の表では、「西暦」や「年齢」の欄を自分の年齢を元に書き込みます。その右の項目には自分にとって重要なもの（家族や人物、家など）を書き込みます。項目名はF＝父、M＝母といったように、イニシャルや記号で書き込んでもよいでしょう。項目が足りない場合は、自分でタテ線を引いて増やします。

そして、右側の「イベント」「目標」の項目に内容を書き込みます。「イベント」には将来起きること、「目標」には実現したいこと、入手したいものなどを書き込みましょう。

1. 名前を書く。
2. 未来の目標を書く。
3. これから取り組みたいことを書く。
4. 家族などの重要な人物や、家などを書く。ⒻⓂといったイニシャルでもよい。項目が足りないときは自分でタテ線を引いて増やす。
5. 西暦や年齢を書く。
6. さまざまなイベントを書く。
7. いつまでに実現したいか、または欲しいものを手に入れたいかの目標を書く。

● ライフプラン表の書き込み例

■ ライフプラン表

名前　1

目標	取り組み
レギュラー　○×商事入社　TOEIC600点 自動車免許 MOS取得　2	短期海外留学 自動車学校入学 部活　3

4（妻・父・母・子・家）　5（西暦・私）　6（イベント）　7（目標）

西暦	私	妻	父	母	子	家	イベント	目標
2021	18		50	48			大学入学、入部、アルバイト ボランティア	旅行資金を貯金 経験の幅を広げる
2022	19		51	49			合宿	レギュラー　専門性を高める 海外旅行 MOS取得
2023	20		52	50			企業調査、ゼミ、国民年金 OBOG訪問、インターンシップ ↓　部活動引退	短期海外留学 TOEIC受験
2024	21		53	51			企業説明会エントリー 面接、内定 卒論、卒業旅行	自動車免許取得
2025	22		54	52			大学卒業　就職	自動車購入
2026	23		55	53				
2027	24		56	54				
2028	25		57	55				
2029	26		58	56				
2030	27		59	57				
2031	28		60	58			(父)還暦	
2032	29		61	59				
2033	30		62	60			(母)還暦	
2034	31		63	61				奨学金完済
2035	32	30	64	62				(妻)入籍
2036	33	31	65	63	0	1	(父)定年	(子)誕生　(家)購入
2037	34	32	66	64	1	2		
2038	35	33	67	65	2	3		
2039	36	34	68	66	3	4		
2040	37	35	69	67	4	5		
2041	38	36	70	68	5	6		

はじめに

本書はこれから社会人になる学生が知っておくべき基礎をまとめたものです。どの業種、職種にも当てはまる形で就職活動、データによる業界研究、ＩＴ知識、就労、ライフプラン、人間力を取り上げました。

ここでは正しい方法論で効率的に読者の皆さんのキャリア形成に資するように、演習形式で学ぶことができる内容としています。これにより、就職活動のみならず、皆さんの仕事上での問題発見力、情報収集・活用力、論理的思考力などを導き出せるでしょう。

こうした内容を進行するために、著者陣は各業種の前線で「育成」「養成」に携わる実務家で構成しました。文部科学省は中央教育審議会答申「2040年に向けた高等教育のグランドデザイン」(2018年) で実務家を含む多様な教員の重要性をうたいました。本書の著者陣はまさにこの「多様な実務家」をバランスよく構成しました。

人工知能の発展により「○年後に消える職業」がまことしやかに言われる時代ですが、本書で学ぶ人対人をベースにしたコミュニケーション、思考は世の中から消えることはなく存在し続けます。

本書で皆さんが社会人になるための基礎力を身に付け、羽ばたいていくことを願っています。

最後に、本書の制作にあたり、技術評論社社長片岡巖様、渡邉悦司様、松井竜馬様、高野正俊様に深く感謝申し上げます。

2021年3月　柴岡信一郎

もくじ

5章
面接から採用への準備

6章
データを踏まえた業界研究とビジネス施策

7章
求められる外国人の人材とは

8章
魅力のある人とは

1 章

会社の常識、会社が求める人材とは

1-1 就職活動で知っておきたいこと

変化する社会に対応した人材

みなさんは『就職活動』と聞いてどのようなことを思い浮かべますか？

日本では黒髪にしてリクルートスーツを着て会社説明会に参加し、エントリー後に面接へ向かうことをイメージするのではないでしょうか？

しかし時代はこの100年の間に過去に見ないスピードで進化しています。例えば携帯電話からスマートフォンへの進化です。1987年（昭和62年）に携帯電話サービスが始まってから約30年が経ちました。2019年9月末時点で、携帯電話の契約数は1億8326万（総務省調べ）で国民1人あたり1台以上を持っている計算になり、現代人にとって欠かせないツールとなりました。携帯電話がスマートフォンとなり、我々の日々の生活が進化し続けています。

我々のライフスタイルが進化することで世の中の需要と供給が変化していき、仕事自体の有り方が変わってきました。IT（information Technology）などの技術もこの数十年で増え、さらに世界大手企業4社（Google、Apple、Facebook、Amazon）の頭文字から構成される『GAFA（ガーファ）』という言葉もできました。

企業がまったく新しいサービス・商品によって社会に新たな価値を生み出す時代で『就職活動』も変化し、それに対応する人材が求められています。世の中の思考が変わり、企業が求めるものが日々変化し続けているので、就職活動をする人はそれに適応していかなければならないのです。

変革期における就職活動

日本では、1970年代の高度経済成長期（1954年～1970年）のあとバブル経済となり、その頃に築き上げた形態が終身雇用制度や定年退職制度です。

当時は良い大学に入り、良い会社に勤めることが経済的にも満たされ、人々が望む人生だと言われていました。しかし、その形態も国民の超高齢化と人口減少により変革期に入りました。近年では1つの会社で仕事を続けるサラリーマンの時代は終わると言われているのです。

これから就職をする人は今まで当たり前に実施してきた『就職活動』を全く違うものと

して捉えなくてはならないのです。

インターネット普及により簡単に世界の情報が手元に入手でき、エアラインの発達により手軽に海外へ行けることで日本だけでなく、世界各国で仕事をすることが可能になりました。また多くの日本企業が世界進出しており、海外で仕事をすることは珍しいことではなくなりました。このように『就職活動』は自身の考え方ひとつで無限の可能性を秘めているのです。

転職とスキル

そして『転職』も近年では良い活動として捉えている人が増えています。『転職』を繰り返して様々な就職先でスキルを身につけ、自分自身を磨いていく人もいます。その際、企業へ転職をする度に『就職活動』が必要になり、そのノウハウを理解して実践することで自身の成長を更に加速させることができるのです。就職スキルを身につけることは経済変化に対応するためにとても有効です。

PEST分析

PEST分析とは、マクロの環境分析を行い、事業戦略に活かすマーケティング手法のことです。PESTとは、「Politics（政治）、Economy（経済）、Society（社会）、Technology（技術）」の4つの頭文字を取ったものです。

では実際に経済変化を見極め、就職先を選ぶにはどうすればよいのでしょうか？

PEST分析（**図1-1**）を使い、政治・経済・社会・技術の未来を見据えてどんな企業であれば自分が今後成長でき、『自分の人生を生きていけるか？』を考えて行動していきましょう。

P	Politics 政治	市場のルールを変えてしまうもの	・法律や法改正 ・税制の変更 ・政治、政権交代 ・裁判制度 など
E	Economy 経済	景気や経済成長など価値連鎖に影響するもの	・経済成長率 ・物価変動 ・景気動向 ・株価為替の変動 など
S	Society 社会	生活者の需要構造に影響するもの	・人口動態の変化 ・教育、宗教 ・流行、世論の変化 ・少子高齢化 など
T	Technology 技術	ビジネスに影響を与える技術の変化	・技術革新 ・インフラ ・イノベーション ・特許 など

図1-1 ▶PEST分析

起業という選択肢

就職ではなく起業も一つの選択肢です。

2002年2月に「中小企業挑戦支援法」が国会で可決され、**1円で起業**が可能となりました。当時、株式会社が資本金1000万円以上でないと設立できなかったものが、これにより簡単に設立できるようになりました。ただし、1円以外に会社登記等の初期費用が必要ですが、会社は以前よりも格段に起業しやすい環境なのです。しかし、起業ができてもしっかりとしたビジネスモデルが無いと、事業を継続させ、利益を出せる会社にはなりません。近年、大学在学中に起業する学生も増えています。まずは個人事業主という1人でのスタートも選択肢の1つに入れ、様々な角度から社会を見ていきましょう。

会社とは社会に提供するしくみ

そもそも、なぜ我々は会社に就職して働かなくてはならないのでしょうか？

資本主義の世の中で、利益を上げるために人々が集まるしくみが必要だからです。そのしくみが会社です（営利組織）。

しかし、いくら人が集まっても①共通の目的　②貢献意欲や協力意欲　③コミュニケーションや情報のやりとりの3要素がないと会社組織とは言えません。

ビルや自動車を1人で作ることは難しいですが、数百人、数千人の組織であれば作り出すことができます。こうした個人では不可能なことを実現するためにも会社が必要なのです。

これから就職をしようと考えている会社にこのような「組織の3要素」があり、会社として存続していく意味があるかどうかを見極める必要があります。

これらを踏まえた上で、大手企業で組織力を知り、大プロジェクトに携わる経験も、中小企業で事業拡大を間近で経験することも、たくさんの会社が存在している進歩の速い今の社会ではどちらも可能です。さまざまな経験を積み、社会に必要とされるスキルを身につけることが大切なのです。

1-2 人間性と人間力を知る

学歴や資格では測れない人間性や人間力

学歴や資格は『就職活動』において、企業にとって重要な要素です。学歴は学習の努力を知る指標です。資格はその人ができるスキルの指標になります。

しかし、企業は学歴や資格だけでは測れない、人間性や人間力も見ています。

人間性、人間力とは人間らしさや社会で生きていくために必要な能力です。

人間性が高い人とは

人間性が高い人とは、約束を守る人、協調性のある人、気遣いのできる人、迷惑をかけない人、気持ちに余裕のある人、明るく前向きな人、自己管理のできる人、信頼される人といえます。

人間性が高い人の特徴を挙げてみましょう。

時間を守る

約束した時間をしっかり守る人です。また、事情があって遅れるとしても、連絡を取って知らせることができる人です。

社会の基本的なマナーやルールを身につけている

社会の基本的なルールを守り、正しいマナーを実行できる人です。

協調性があり、他人に迷惑がかからない行動ができる人といえます。

人への思いやりがある

相手の気持ちや立場になって考えられる人です。困っている人に気づき、やさしくサポートします。周りのことを考える余裕と気遣いがある人といえます。

また、感謝の気持ちをもち、周りの人と平等に接することができます。

感情をコントロールできる

ミスや失敗をしても、感情的になって怒りの言動や、乱暴な態度を取らない人です。また、失敗した相手を責めるのではなく、許すことができる人です。

ポジティブ

人間性が高い人は常に前向きな姿勢です。明るく他人に接することができるので、不快になりません。また、ミスから学ぶことができる人です。

目標を持って生活をしている

生活習慣をしっかり管理でき、目標をもって日々を過ごしています。達成のために努力を惜しみません。

リーダーシップがある

人間性の高い人は、周りの人のことを考えて行動し、えこひいきせず、平等に接することができるので、チームから信頼され、評価される存在です。リーダーシップを発揮し、チームを率いることができる人です。

人間力を構成する3つの要素

「人間力」とは文部科学省の提唱する「生きる力」の理念が発展したものです。内閣府によって設置された「人間力戦略研究会」の報告では、「社会を構成し運営するとともに、自立した一人の人間として力強く生きていくための力」と定義されました。

研究会では、人間力は「知的能力要素」「社会・対人関係力要素」「自己制御的要素」の3つから構成され、これらを高めることで、人間力も高まると報告されています。

3つの要素のうち、「知的能力要素」は「基礎学力」や「専門知識・ノウハウ」をいいます。これらをさらに高めていくことで「論理的思考力」や「創造力」などの力になっていきます。

「社会・対人関係力的要素」は、「コミュニケーションスキル」や「リーダーシップ」、「公共心」、「規範意識」、「他者を尊重し切磋琢磨しながらお互いを高め合う力」をいいます。社会のルールや約束ごとを守り、人とうまくやっていく力です。

「自己制御的要素」は上の2つの要素を発揮するための「意欲」や「忍耐力」、「自分らしい生き方や成功を追求する力」です。

知的能力要素

・基礎学力
・専門知識
・ノウハウ

社会・対人関係力的要素

・コミュニケーションスキル
・リーダーシップ
・公共心　・規範意識

自己制御的要素

・意欲
・忍耐力
・自分らしい生き方

人間力とは社会で生きていく力

図1-2 ▸人間力の３要素

「人間力」を身につけ、自分らしく生きる素晴らしい人生にしましょう。企業も人もそんな人に魅力を感じるものです。

人間力を発揮する場面には、仕事での「職業生活面」、市民活動に関わる「市民生活面」、文化的活動に関わる「文化生活面」があります。

1-3 企業が求める人材とは

社会に出て仕事をするために必要な『社会人基礎力』

企業が必要とする人の「能力」とは、一体どんな能力なのでしょう？　それを知り、身につけ、日々実践することで本当に求められる人になります。

経済産業省は平成18年、社会人として必要な基礎的な力を『社会人基礎力』として定義しました。

「社会人基礎力」は、3つの能力と、12の能力要素に分けられます。

3つの能力とは「1. 前に踏み出す力（アクション）」、「2. 考え抜く力（シンキング）」、「3. チームで働く力（チームワーク）」です。

「1. 前に踏み出す力（アクション）」は、一歩前に踏み出し、失敗しても粘り強く取り組む力です。3つの能力要素、①主体性（ものごとに進んで取り組む力）、②働きかけ力（他人に働きかけ巻き込む力）、③実行力（目的を設定し確実に実行する力）を含みます。

「2. 考え抜く力（シンキング）」は疑問を持ち、考え抜く力です。能力要素は、④課題発見力（現状を分析し目的や課題を明らかにする力）、⑤計画力（課題の解決に向けたプロセスを明らかにし準備する力）、⑥創造力（新しい価値を生み出す力）の3つを含みます。

3つ目の能力「3. チームで働く力（チームワーク）」は多様な人々とともに、目標に向けて協力する力です。能力要素は、⑦発信力（自分の意見をわかりやすく伝える力）、⑧傾聴力（相手の意見を丁寧に聴く力）、⑨柔軟性（意見の違いや立場の違いを理解する力）、⑩情況把握力（自分と周囲の人々や物事との関係性を理解する力）、⑪規律性（社会のルールや人との約束を守る力）、⑫ストレスコントロール力（ストレスの発生源に対応する力）の6つです。

これらの能力は先天的なものではなく、後天的なものです。日常の意識とトレーニングでいくらでも磨くことが可能なのです。

図1-3 ▸「社会人基礎力」とは

そして、ますます高齢化する中、企業や社会との関わりで、個人が活躍し続けるための力として、「人生100年時代の社会人基礎力」を平成29年、新たに定義しました。

「人生100年時代の社会人基礎力」では3つの能力と12の能力要素に加え、それらを3つの視点で振り返ることが必要だとしています。3つの視点とは「何を学ぶか（学び）」、「どのように学ぶか（統合）」、「どう活躍するか（目的）」です。

社会人基礎力の能力を発揮するにあたって、3つの視点で自らを振り返りながら、キャリアを切り開いていくことが重要です。

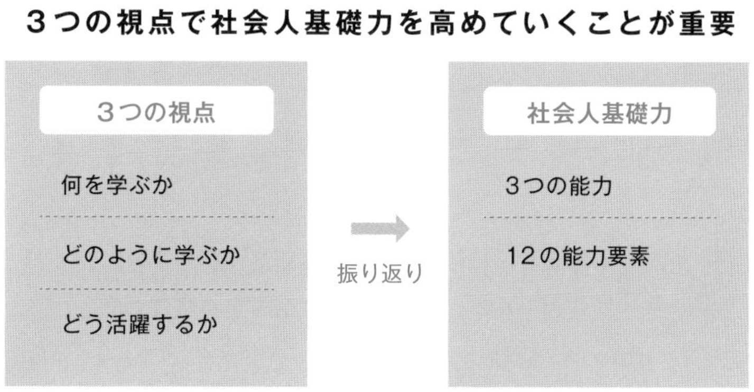

図1-4 ▸人生100年時代の社会人基礎力

企業が惹かれる人材

経済産業省は平成22年、企業の人事担当者と学生にアンケートをし、『大学生の「社会人観」の把握と「社会人基礎力」の認知度向上実証に関する調査』を行いました。

アンケートの内容を見ると、企業が学生に求める能力要素と、学生が企業で求められていると考える能力要素には、大きな違いがありました。

企業は学生に対して「主体性」「粘り強さ」「コミュニケーション能力」といった「社会人基礎力」の内面的な能力要素に不足を感じていました。

一方、学生はそれらの能力要素はすでに身に付けていると考える傾向が見られます。

また、学生は「語学力」「専門知識」「簿記」「PCスキル」などの能力が不足していると感じていますが、企業は特に不足感を感じていませんでした。

企業・学生ともに重視したのが、「社会人基礎力」の3つの能力のうち「前に踏み出す力」、12の能力要素では「実行力」でした。

これらを理解し、その差を埋めることに重点を置くことが企業に惹かれる人材になるためのスキルアップになるのです。

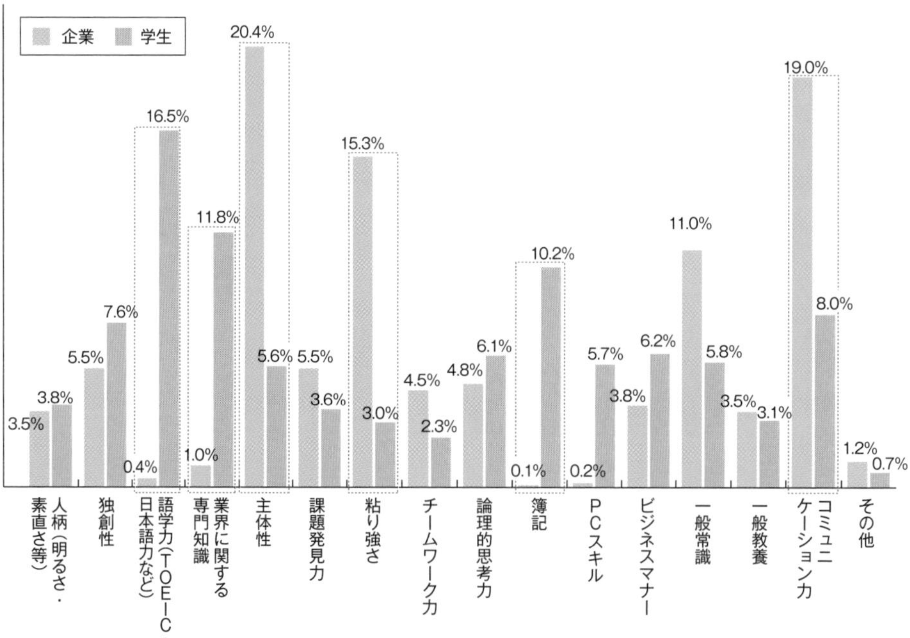

企業は内面的な能力要素に不足を感じている。
一方学生は技術・スキル系の能力要素の不足を感じている。

出典：経済産業省『大学生の「社会人観」の把握と「社会人基礎力」の認知度向上実証に関する調査』（平成22年6月）

図1-5 ▸「自分に不足していると思う能力要素」（学生）
「学生に不足していると思う能力要素」（企業）

2章

情報リテラシー

2-1 Word編

マウスの名称と役割

マウスは、裏側に付いているボールや光学センサーで動きを読み取ってコンピュータに送り、モニタ上のマウスカーソルを移動させます。マウスには2つのボタンが付いていて、それぞれ左ボタン、右ボタンといいます。

マウスに付いているこれらのボタンを押して行う動作には、左クリック、右クリック、ダブルクリック、ドラッグ、ドロップ等があります。

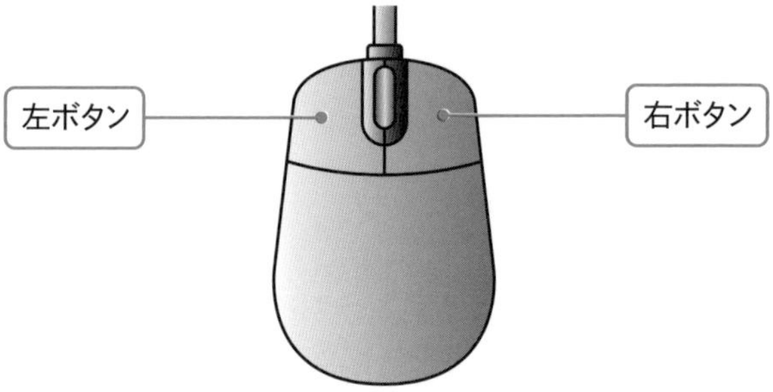

図2-1 ▸ マウス

それぞれの操作方法と、役割は次の通りです。

	左クリック	右クリック	ダブルクリック	ドラッグ	ドロップ
操作	マウスの左ボタンを押して、すぐに離す動作。	マウスの右ボタンを押して、すぐに離す動作。	左ボタンを続けて2回押す動作。	左ボタンを押しながらマウスを動かす動作。	ドラッグしたボタンの指を離す動作。
内容	動作の決定等をします。	ショートカットメニューの表示等をします。	文書を直接開く等をします。	対象物を動かす等をします。	動かしたものを指定場所に置く等をします。

表2-1 ▸ マウスボタンの操作と内容

ショートカットメニューとは現在カーソルが位置している場所で、行われると思われる操作のメニューを指します。Wordの場合、右クリックでショートカットメニューが開きます。

ポイント ドラッグとドロップは、一緒に使われる場合「ドラッグアンドドロップ」と呼ばれています。「ドラッグ」は、Word上では、範囲指定にも使われます。

ポイント 単に「クリック」と呼ばれているのは、左クリックのことです。

Wordの起動

パソコンの電源を入れるとWindowsのデスクトップ画面が表示されます。デスクトップ画面の下には帯状のものがあり、これを「タスクバー」といいます。

デスクトップ画面の左下には「スタートボタン」があります。スタートボタンをクリックするとパソコンに登録されている複数のアイコンが表示されます。

これらのアイコンの中からWordのアイコンをクリックします。これで、Wordが起動します。

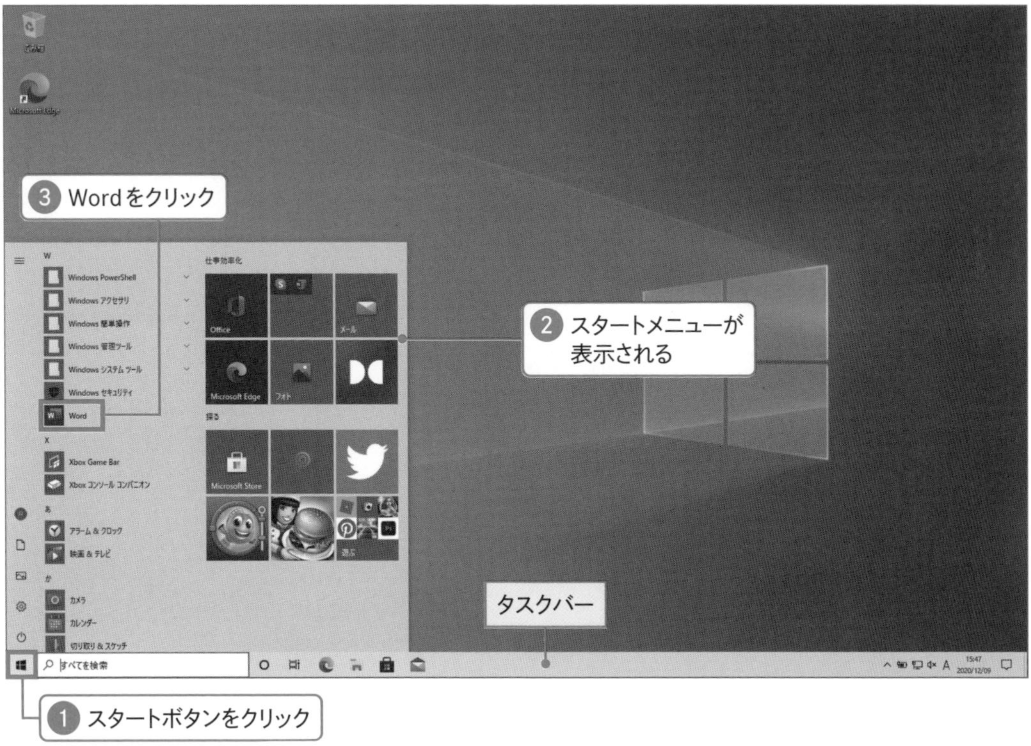

図2-2 ▸スタートメニュー

Word画面の名称

Wordを起動すると、**図2-3**の画面になります。「白紙の文書」をクリックすると、**図2-4**のような初期画面になります。

実際にWordを操作する前に各部の名称、意味を確認しましょう。

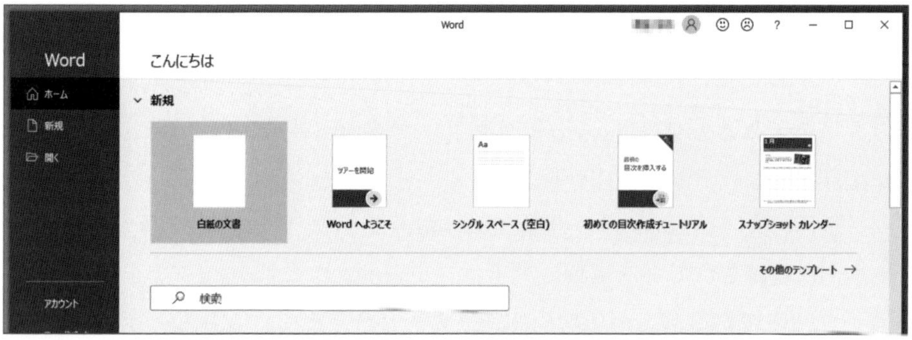

図2-3 ▸ Wordが起動したところ

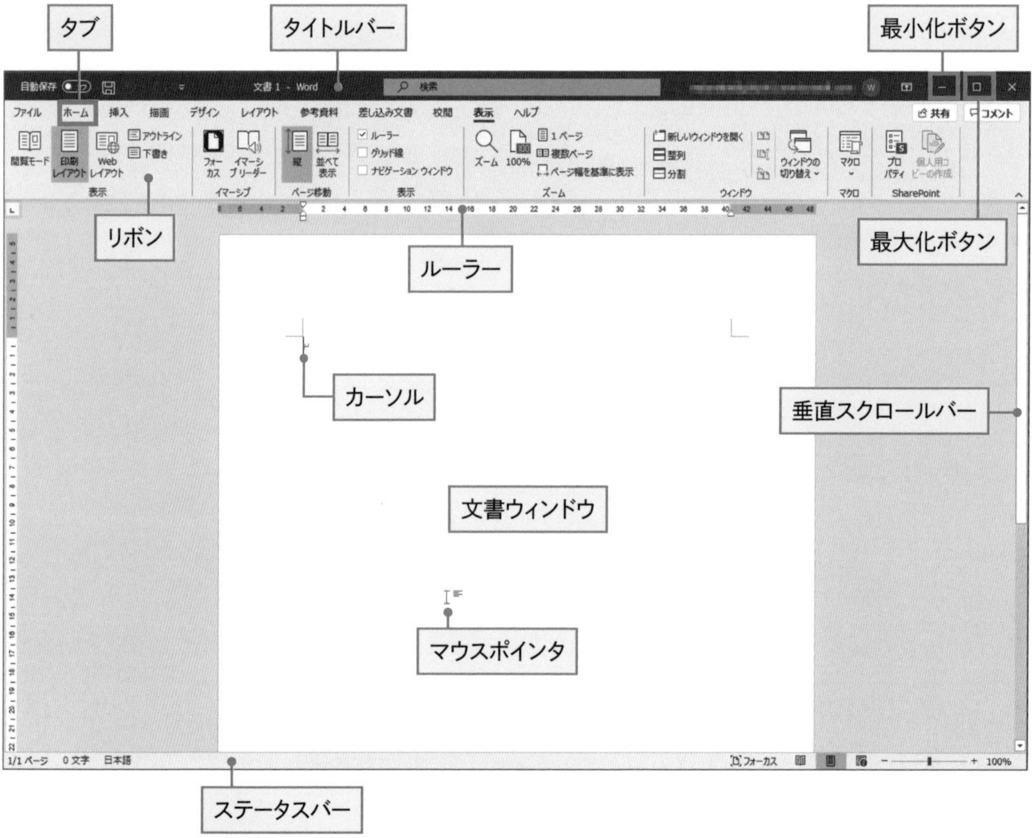

図2-4 ▸ Wordの初期画面

形	意味
	コマンドや操作の実行中に表示
	メニュー・ツールボタン・コマンド・ルーラーの操作で表示
	文書領域で表示
	文字列の範囲選択時の表示
	ウィンドウサイズ変更時の表示

表2-2 ▸マウスポインタの形と意味

次に初期画面の名称とその機能について説明します。

名称	機能
タイトルバー	現在開いているアプリケーション名、文書名が表示されます。文書ウィンドウを復元すると、各ウィンドウにそれぞれの名前が表示されます。
最小化ボタン	ウィンドウが閉じられ、画面下にアイコンの状態で表示されます。画面下のアイコンをクリックすれば、閉じたウィンドウが再表示されます。
最大化ボタン	ウィンドウが画面全体に広がります。最大化にすると復元ボタンに変わります。
タブ	様々な命令を実行するためのコマンドが分類されています。
リボン	よく使う機能のボタンが並べられています。
ルーラー	左右の余白、インデント、タブ設定などができます。
文書ウィンドウ	文書が表示されます。
カーソル	文字列の入力される位置を示します。
ステータスバー	現在のカーソルの位置やページ番号等を示します。
垂直スクロールバー	矢印をクリックすることで、文書ウィンドウの画面を上下にスクロールします。
マウスポインタ	マウスの位置を示します。移動場所によって、形や意味が変わります。

表2-3 ▸初期画面の名称と機能

キーボード

Wordを操作するにあたって、重要なキーボードの役割を理解し、覚えましょう。キーボードには、英数字などの文字を入力するためのキー、その他に多くの機能をもったファンクションキーがあります。

キー	名称	機能
Esc	エスケープキー	設定を確定する前に取り消しするときに使います。
Enter ↵	エンターキー	改行、確定、コマンド実行のときに使います。
F1 ～F10	ファンクションキー	それぞれのキーに各種コマンドが登録されており、キーを押せば実行できます。
Tab	タブキー	タブ位置までカーソルを進めます。
Caps Lock	キャップスロックキー	英字の大文字を続けて入力するときに使います。
Shift	シフトキー	他のキーと組み合わせて文字の入力やコマンドの実行で使います。
Ctrl	コントロールキー	他のキーと組み合わせてコマンドの実行で使います。
Alt	アルトキー	他のキーと組み合わせてコマンドの実行で使います。
英数	英数キー	半角英字を入力するときに使います。
スペース	スペースキー	漢字変換や、空白を入力する時、使います。
カタカナ ひらがな	かなキー	かな入力のときに使います。
Back space	バックスペースキー	カーソルの１つ左の文字を削除したり、コマンドの取り消しをします。
Insert	インサートキー	挿入・上書きモードの変更をします。
delete	デリートキー	カーソル上の文字を削除します。
	テンキー	数字入力のときに使います。

表2-4 ▸キーボードのキーの名称と機能

ホームポジション

ホームポジションとは、キーボードを操作するときに指を置く正しい姿勢のことです。ホームポジションを覚えれば、キーボードを見ないでタイプする「タッチタイピング」も簡単にマスターすることができます。それにより、キーボード操作が速くなり、快適な入力作業となるでしょう。

椅子に深く腰掛け、姿勢を正します。下図のように、手をホームポジションに置いてみましょう。

図2-5 ▸ホームポジション

左手		右手	
人差指	F	人差指	J
中指	D	中指	K
薬指	S	薬指	L
小指	A	小指	;
親指	スペース	親指	スペース

表2-5 ▸ホームポジションの指の位置

例題2-1　文章の入力

文章入力をするときは、漢字・ひらがな・カタカナ・英字等入力モードの変換操作が必要となります。これらの操作をマスターし、より迅速な文章入力ができるよう勉強しましょう。

入力モードの確認

デスクトップ画面右下のアイコンで入力モードを確認します。

入力モードをクリックすると「ひらがな」と「半角英数」に切り替わります。

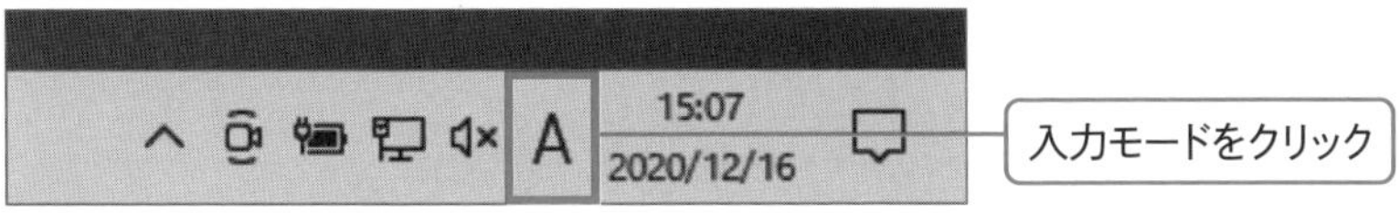

図2-6 ▸入力モードの切り替え

入力モードを右クリックすると、メニュー（IMEオプション）が表示されます。メニューでは「ひらがな」「半角英数」以外の入力モードにも切り替えることができます。

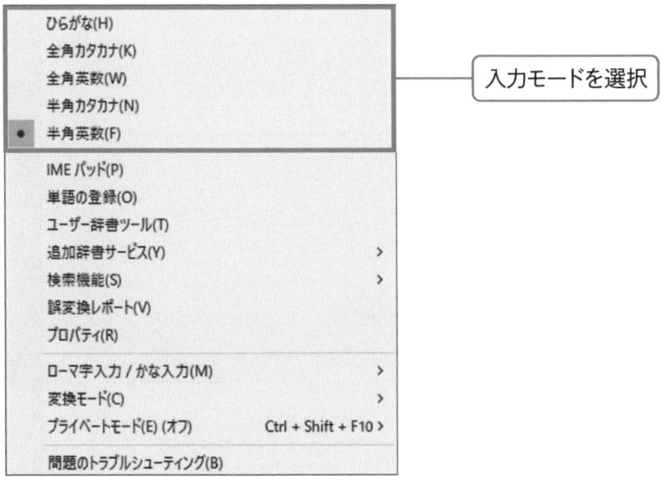

図2-7 ▸右クリックしたところ

文節変換での文章の入力

次の文章を正しく変換してみましょう。

日本は四季が楽しめる

文章は、次のように文節から成り立っています。

文　節　＋　文　節　＋　文　節　＝　連文節

[日本は]　[四季が]　[楽しめる]

① 最初の文節の読みを入力

[N] [I] [H] [O] [N] [N] [H] [A]

にほんは↵

② [スペース] キーを押して漢字に変換

[スペース]

日本は↵

③ 次の文節を入力、変換

[S] [I] [K] [I] [G] [A] [スペース]

日本は四季が↵

④ 最後の文節を入力、変換

[T] [A] [N] [O] [S] [I] [M] [E] [R] [U] [スペース]

日本は四季が楽しめる↵

⑤ [Enter] キーで確定

[Enter ↵]

日本は四季が楽しめる↵

ポイント

[スペース] キーを押しても変換したい文字が出ないときは、再度 [スペース] キーを押します。

しきが↵ [スペース] → 式が↵ [スペース] → 四季が↵

変換候補がたくさんあるときは、候補漢字一覧が表示され、番号で選択できるようなっています。

英字の入った文字の入力

友達のｔｅｌ番号を聞く。

① 「友達の」を入力、[スペース]キーで変換

> 友達の↵

② 「ｔｅｌ番号を」と入力、[スペース]キーで変換

> 友達の手l番号を↵

③ [Shift]＋[→]キー（[Shift]キーを押しながら[→]キーを押す）で文節の長さを「てｌ」に合わせる

> 友達のてl番号を↵

④ [F9]キーで英字に変換

> 友達のｔｅｌ番号を↵

⑤ 「聞く。」を入力し、[スペース]キーで変換、[Enter]キーで確定

> 友達のｔｅｌ番号を聞く。↵

ポイント

[F9] キーを押して、アルファベットに変換したあと、何度か [F9] キーを押してみましょう。

てl↵　[F9]　tel↵ [F9]　TEL↵ [F9]　Tel↵

このように [F9] キーを押すことによって、「小文字」、「大文字」、「単語の最初の文字のみ大文字」と変換されます。

記号の入った文章の入力

キーボードで入力できない記号の入力を行ってみましょう。

©Fumio Shibui

① [挿入] タブから [記号と特殊文字] - [その他の記号] をクリックする

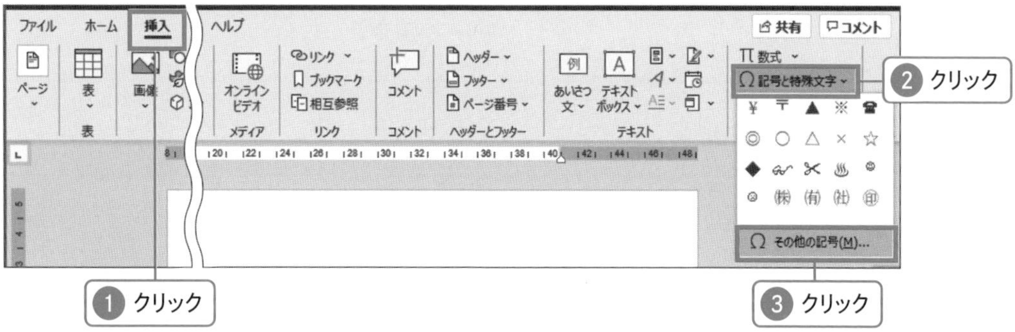

図2-8 ▸ [挿入] タブの [記号と特殊文字] の [その他の記号] をクリック

② 入力したい位置にカーソルを移動させる

③ [記号と特殊文字] ダイアログボックスから「©」を選んで [挿入] ボタンをクリックする

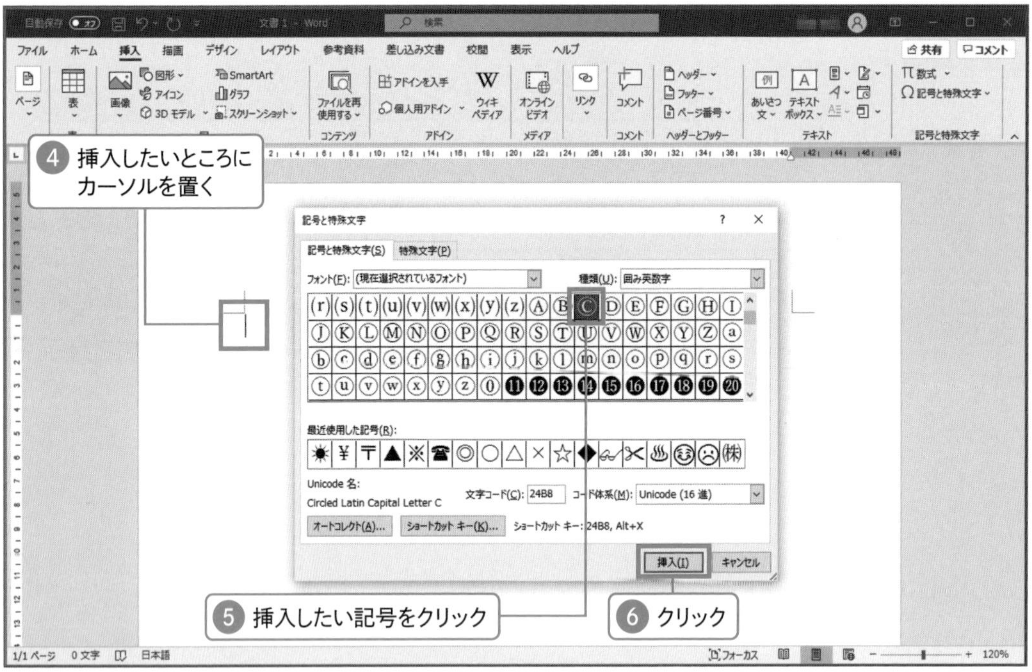

図2-9 ▸ [記号と特殊文字] ダイアログボックスから記号を挿入

④「Fumio Shibui」を入力し、Enter キーで確定

ⒸFumio Shibui

連文節入力

昨日は医者へ行った。

① 読みを全て入力

きのうはいしゃへいった。↵

② スペース キーを押して漢字に変換

昨日は医者へ行った。↵

③ → キーでカーソルを次の文節へ移動

昨日は医者へ行った。↵

④ 再度 → キーで、次の文節にカーソル移動

昨日は医者へ行った。↵

⑤ Enter キーで確定

昨日は医者へ行った。↵

ポイント

変更したい文節で スペース キーを押すと、他の漢字やひらがななどに変更できます。

昨日は医者へいった。↵

スペース キー

文節の長さを変更して変換

きのう歯医者へ行った。

①読みを全て入力

きのうはいしゃへいった。↵

②［スペース］キーを押して漢字に変換

昨日は医者にいった。↵

③［Shift］＋［←］キーを押して、文節を「きのう」に縮める

きのうは医者に行った。↵

④［→］キーで次文節にカーソル移動し、［Shift］＋［→］キーで文節の長さを調整

きのうはいしゃへ行った。↵

⑤［スペース］キーで変換

きのう歯医者へ行った。↵

⑥ Enter キーで確定

> きのう歯医者へ行った。↵

例題2-2　ビジネス文書の作成

ここではビジネス文書のフォームを覚え、文書作成の流れに沿って実際にWordを使ってみましょう。下の文書が完成例です。

総発２１－０９３
２０２１年１１月１０日

お取引先各位

愛建設株式会社
代表取締役社長　愛　一郎

創業２０周年記念パーティー開催のご案内

拝啓　時下ますますご隆盛のこととお喜び申し上げます。
　さて、私共愛建設も今年で創業２０周年を迎えることができました。これもひとえに皆様方のお力添えによるものと深く感謝しております。
　そこで、ささやかではございますが、表記パーティーを開催させていただきます。
皆様、御多用中とは存じますが、是非ご出席下さいますようお願い申し上げます。
　なお、お手数ではございますが、同封の返信ハガキにて、出欠の旨を１１月３０日までに返送していただくよう、お願いいたします。

敬具

記

１．開 催 日：２０２１年１２月１５日（水）
２．開催時間：１５：００より
３．開催場所：品川パシフィックホテル「鶴の間」

以上

担当：総務部　内田（Ｔｅｌ　３３９０－１２３４）

図2-10 ▸例題２で作成する文書（完成例）

ビジネス文書作成の流れ

ビジネス文書というと、難しいイメージを持つ人がたくさんいるかと思いますが、基本的なフォームは決まっているので、そのフォームさえ覚えればとても作成しやすい文書です。標準的なビジネス文書作成の流れを下図に示します。

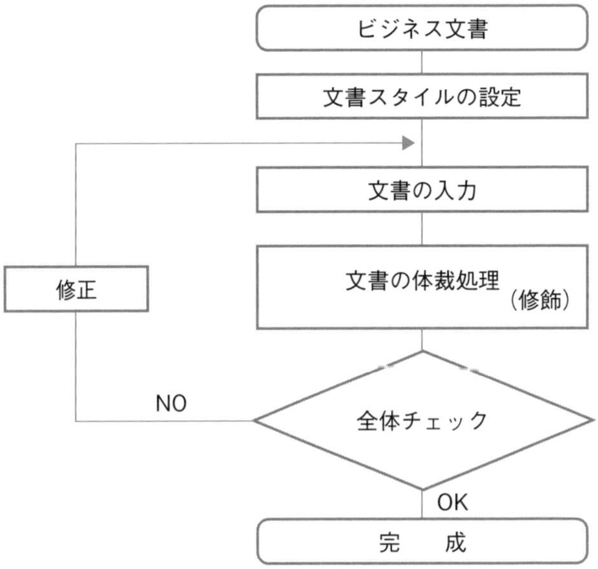

図2-11 ▸ビジネス文書作成の流れ

ビジネス文書各部の名称

ビジネス文書は、「前付け」「本文」「別記」の３つのパートから成り立っているということを頭に入れておきましょう。

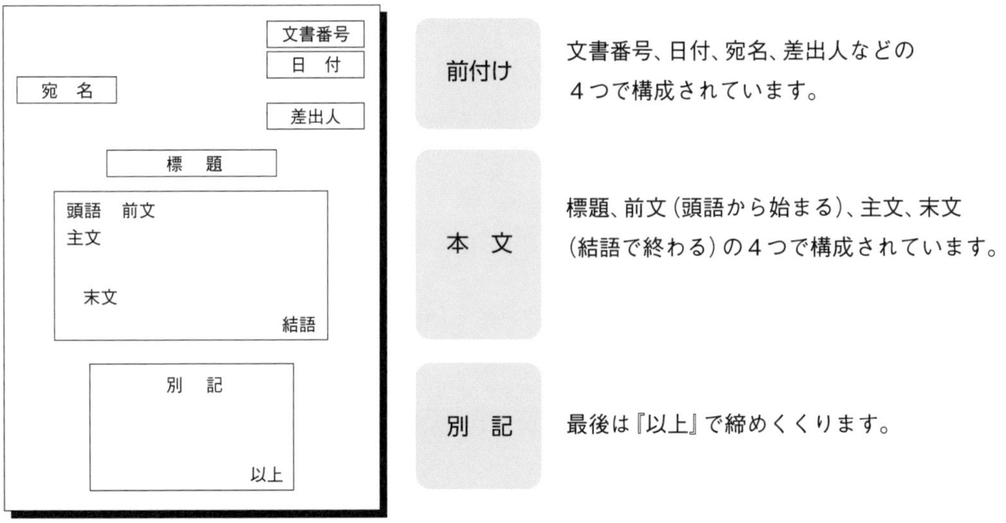

図2-12 ▸ビジネス文書の各部の名称

ポイント

それぞれの注意事項

Wordの場合、「拝啓」とはじめに入力すると、次の行に「敬具」と自動的に表示されます。非常に便利です。

前付け	本文	別記
宛名の敬称	頭語と結語	締めくくり
団体名…御中 個人名…殿、様 特定多数…各位	・拝啓～敬具 ・拝復～敬具 ・謹啓～敬白 ・前略～草々	最後に「以上」をつける

表2-6 ▸前付け、本文、別記の内容

文書スタイルの設定

新しい文書を作成する時は、はじめにページレイアウトを決めましょう。あとで変更することもできます。

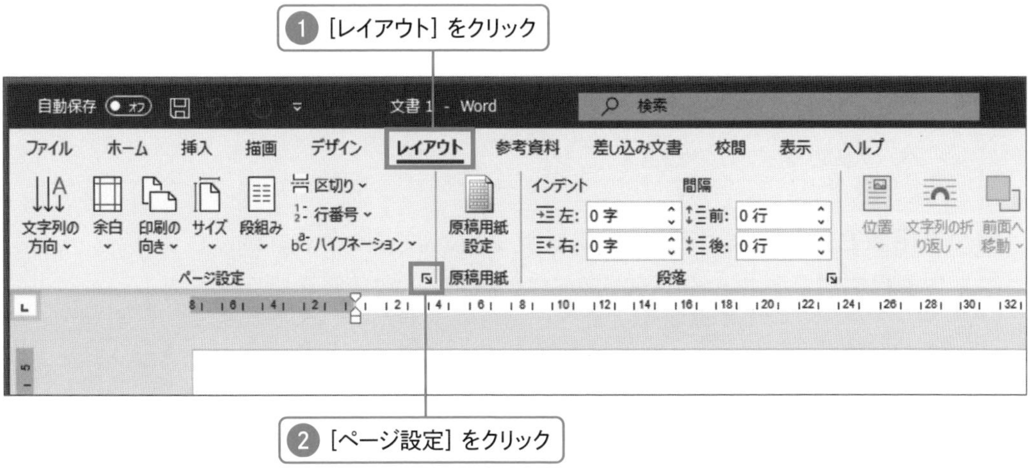

図2-13 ▸ページレイアウトの設定

① [レイアウト] タブをクリックします。
② [ページ設定] をクリックします。

これで、[ページ設定] ダイアログボックスが、表示されます。

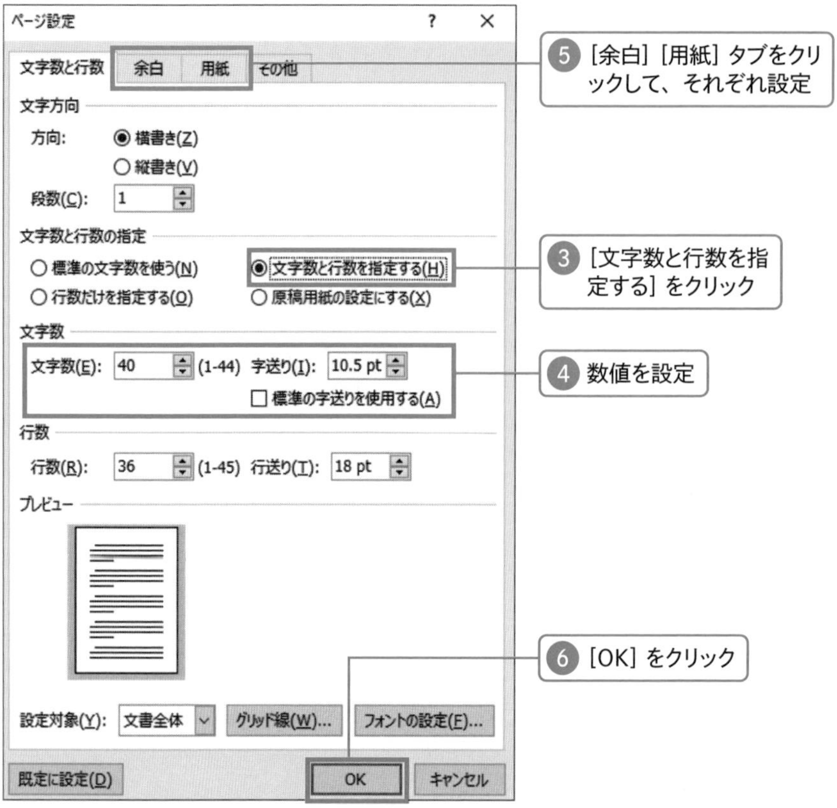

図 2-14 ▸ [ページ設定] ダイアログボックス

③ [文字数と行数を指定する] をクリックし、設定できる状態にします。

④ 各項目右にあるボックス矢印をクリックし、数値等を指定します。

1 行文字数：35

1 ページ行数：30

⑤ マージン（余白）は [余白] タブ、用紙サイズは [用紙] タブをクリックして、それぞれ設定します。

[余白] タブ　　上下左右マージン：25mm

[用紙] ダブ　　用紙サイズ：A4

⑥ すべての設定が終わったら、[OK] をクリックします。

ポイント　変更結果は、プレビュー画面で、随時確認できます。

文書の入力

ビジネス文書には基本的なフォームが決まっています。文章を入力しながらその都度、配置することもできますが、入力をすべて済ませてから編集すると、複数行まとめて編集することもできるので、能率的に文書作成できます。まず、下記の文章を入力してみましょう。

総発２１－０９３
２０２１年１１月１０日
お取引先各位
愛建設株式会社
代表取締役社長　愛　一郎

創業２０周年記念パーティー開催のご案内

拝啓　時下ますますご隆盛のこととお喜び申し上げます。
　さて、私共愛建設も今年で創業２０周年を迎えることができました。これもひとえに皆様方のお力添えによるものと深く感謝しております。
　そこで、ささやかではございますが、表記パーティーを開催させていただきます。
皆様、御多用中とは存じますが、是非ご出席下さいますようお願い申し上げます。
　なお、お手数ではございますが、同封の返信ハガキにて、出欠の旨を１１月３０日までに返送していただくよう、お願いいたします。
敬具

記

１．開催日：２０２１年１２月１５日（水）
２．開催時間：１５：００より
３．開催場所：品川パシフィックホテル「鶴の間」
以上

担当：総務部　内田（Ｔｅｌ　３３９０―１２３４）

図2-15 入力する文章

ポイント

Wordには入力をしたときに自動的に編集してくれる設定があります。これらの機能を活用すれば、能率的な入力作業ができます。

日付を入力……………右寄せされる
「拝啓」を入力 ………「敬具」が入力、右寄せされる
「記」を入力 …………「記」がセンタリングされる
「以上」を入力 ………右寄せされる

段落位置の設定

入力した文書の段落の位置を変更します。［ホーム］タブの［段落］にある［左揃え］［中央揃え］［右揃え］を使います。段落を選んで、設定してみましょう。

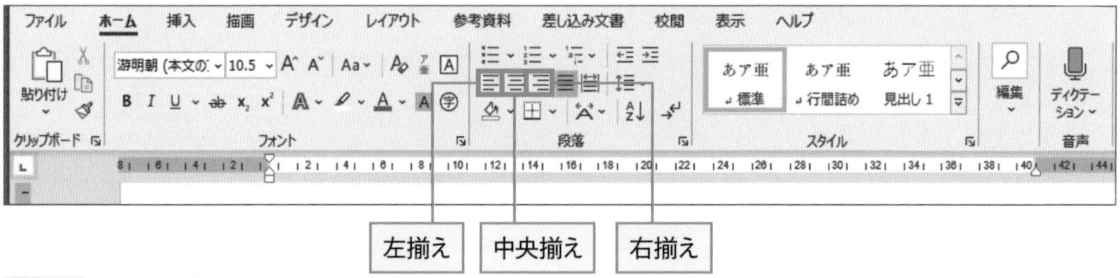

図2-16 ▸［ホーム］タブの［段落］設定

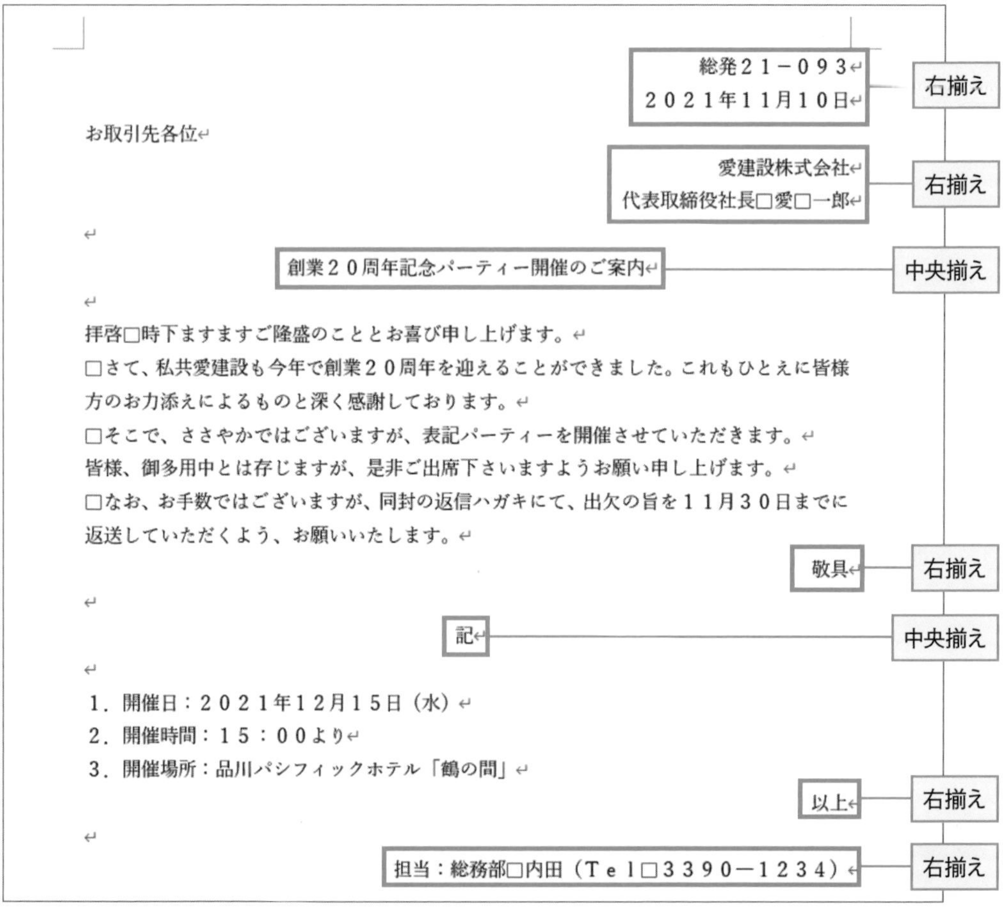

総発２１－０９３
２０２１年１１月１０日

お取引先各位

愛建設株式会社
代表取締役社長□愛□一郎

創業２０周年記念パーティー開催のご案内

拝啓□時下ますますご隆盛のこととお喜び申し上げます。
□さて、私共愛建設も今年で創業２０周年を迎えることができました。これもひとえに皆様方のお力添えによるものと深く感謝しております。
□そこで、ささやかではございますが、表記パーティーを開催させていただきます。
皆様、御多用中とは存じますが、是非ご出席下さいますようお願い申し上げます。
□なお、お手数ではございますが、同封の返信ハガキにて、出欠の旨を１１月３０日までに返送していただくよう、お願いいたします。

敬具

記

１．開催日：２０２１年１２月１５日（水）
２．開催時間：１５：００より
３．開催場所：品川パシフィックホテル「鶴の間」

以上

担当：総務部□内田（Ｔｅｌ□３３９０－１２３４）

図2-17 ▸段落位置の設定をしたところ

均等割付け

さらに見栄えをよくするために「均等割り付け」を行います。

「均等割り付け」したい箇所を選択します。ここでは「開催日」を選択します。

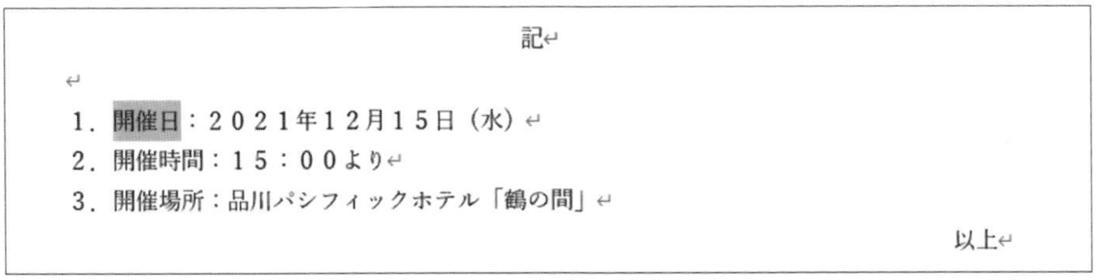

図2-18 ▸「開催日」を選択

［ホーム］タブの［段落］の［均等割り付け］をクリックします。

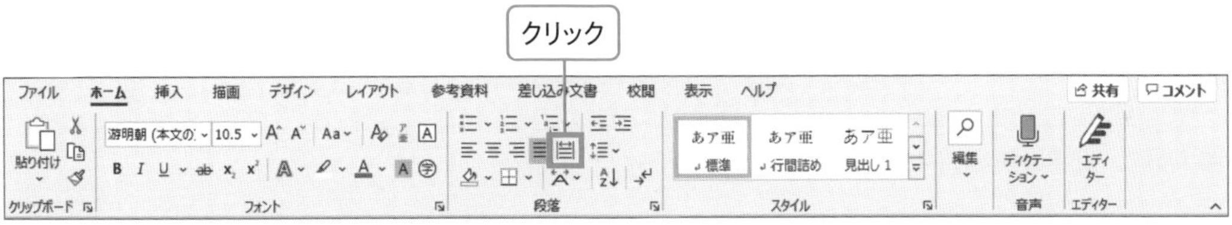

図2-19 ▸［均等割り付け］ボタンをクリック

［文字の均等割り付け］ダイアログボックスが表示されるので［新しい文字列の幅］を「4」に変更し、［OK］をクリックします。

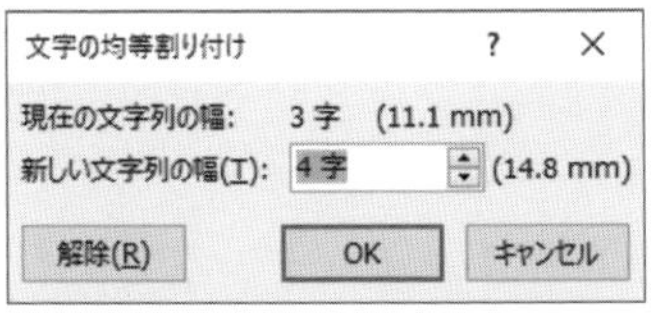

図2-20 ▸「新しい文字列の幅」を「4」に変更

「開催日」が［均等割り付け］されました。

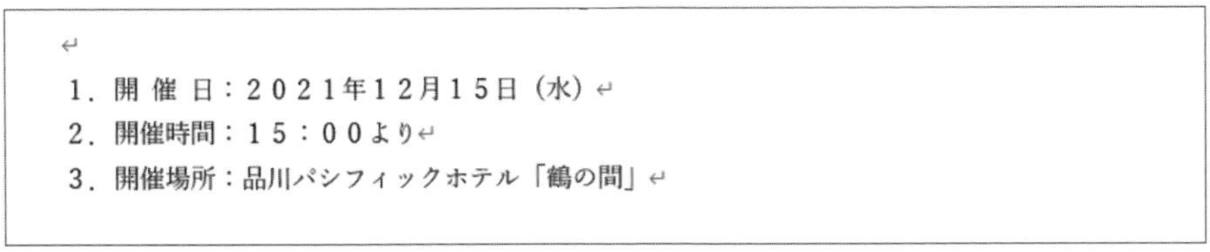

図2-21 ▸「開催日」が均等割り付けされたところ

網かけ

網かけしたい文字を選択します。

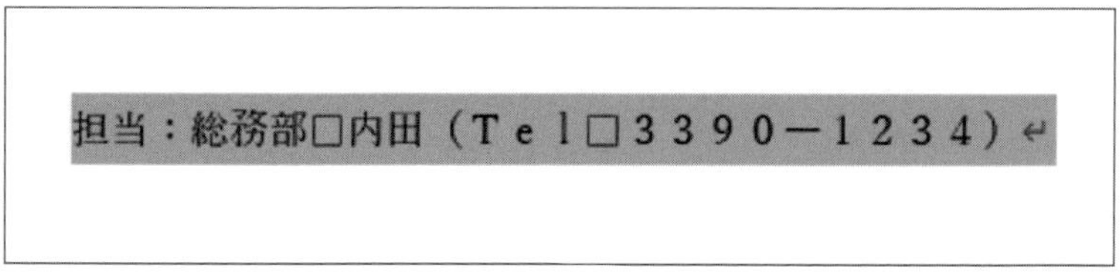

図2-22 ▸ 網かけしたい文字を選択

［ホーム］タブの［フォント］の［文字の網かけ］をクリックします。

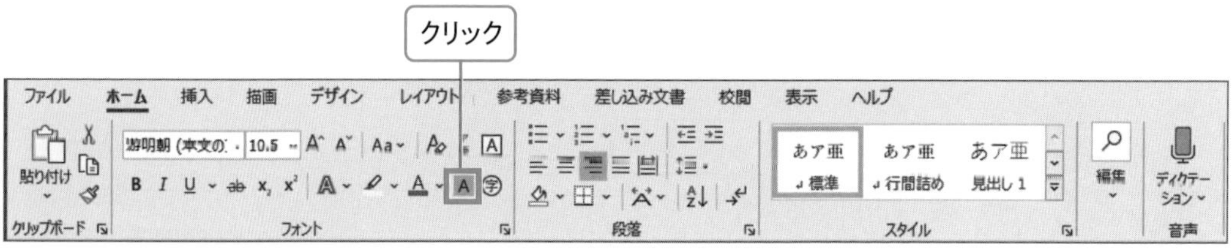

図2-23 ▸ ［文字の網かけ］をクリック

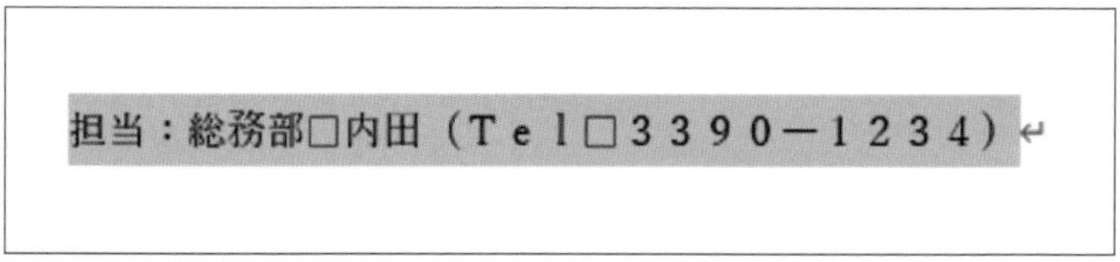

図2-24 ▸ 網かけされたところ

段落のインデント

文書の一部を任意の位置に置きたい場合、インデントを利用します。インデントしたい段落を選択し、ルーラーを右にドラッグするか、［ホーム］タブの［段落］の［インデントを増やす］をクリックします。

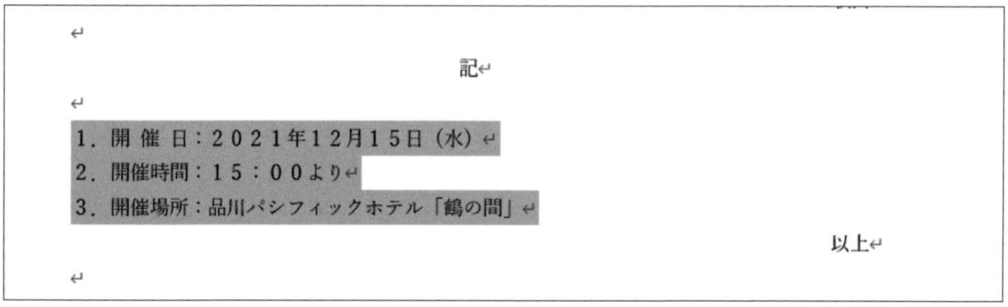

図2-25 ▸ インデントしたい段落を選択

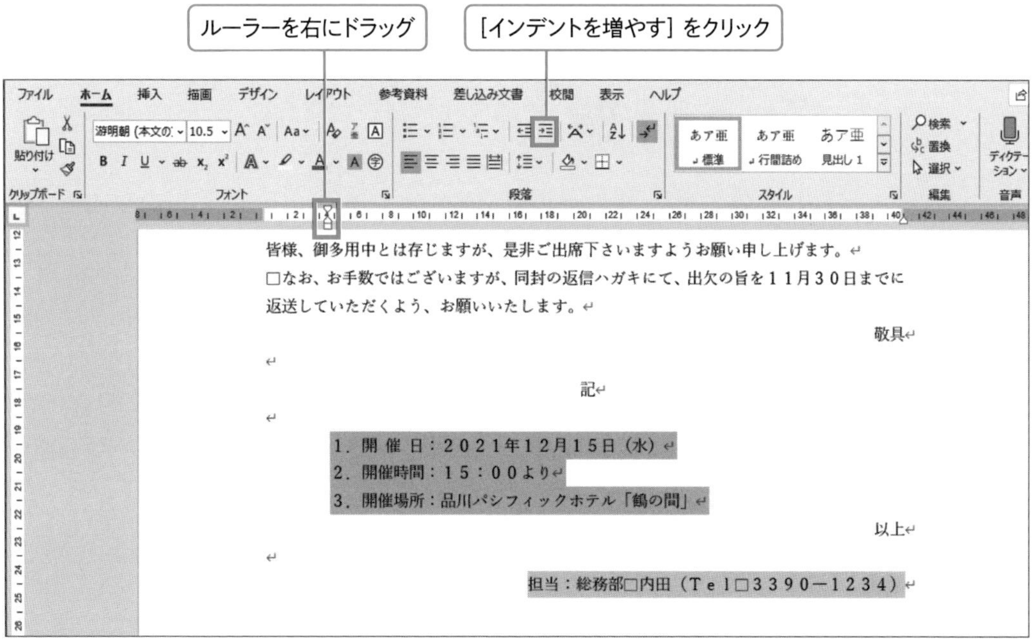

図2-26 ▸ルーラーを右にドラッグするか、[インデントを増やす] をクリック

下線

文字に下線を入れます。下線を入れたい文字を選択して、[ホーム] タブの [フォント] の [下線] をクリックします。

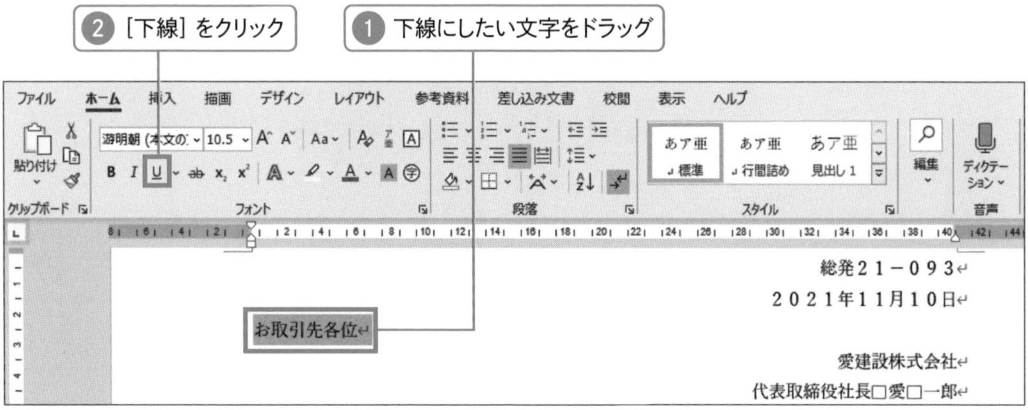

図2-27 ▸下線にしたい文字をドラッグして選択し、[下線] をクリック

図2-28 ▸下線が引かれたところ

2-2 Excel編

Excelの起動

パソコンの電源を入れるとWindowsのデスクトップ画面が表示されます。デスクトップ画面の左下にあるスタートボタンをクリックし、アイコンの中からExcelのアイコンをクリックするとExcelが起動します。

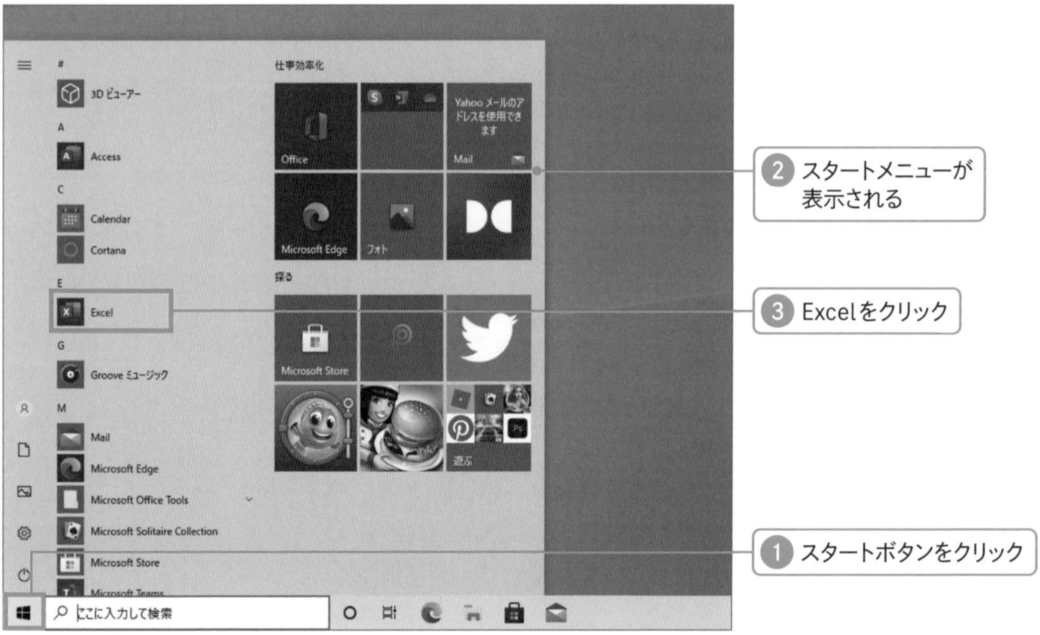

図2-29 ▸スタートメニュー

❶ スタートボタンをクリックします。
❷ スタートメニューが表示されます。
❸ 表示されたメニューの中から「Excel」をクリックします。

これでExcelが起動します。「空白のブック」をクリックするとExcelの画面が表示されます。

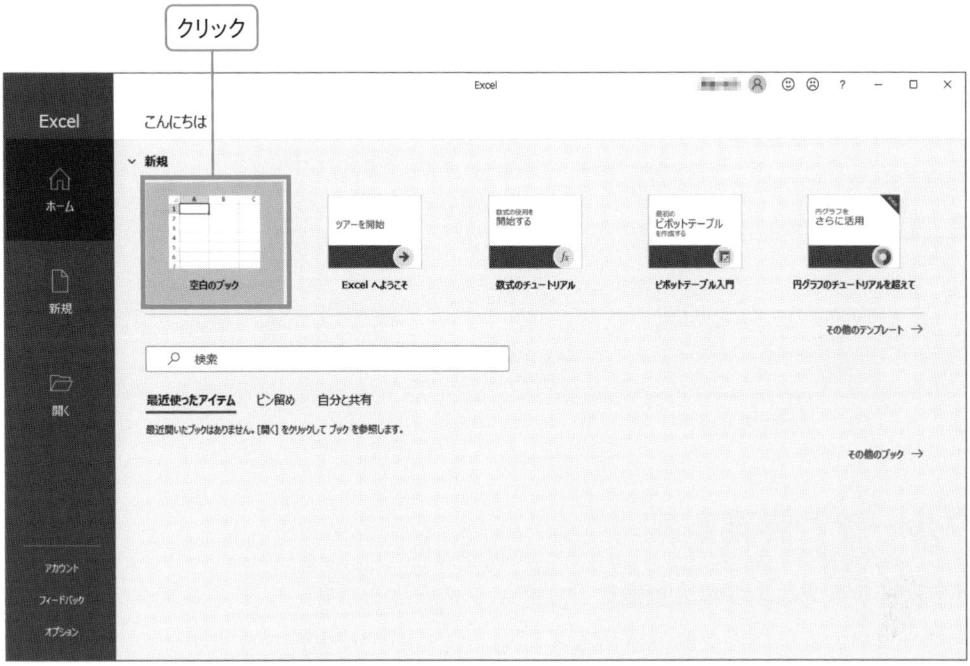

図2-30 ▸Excelが起動したところ

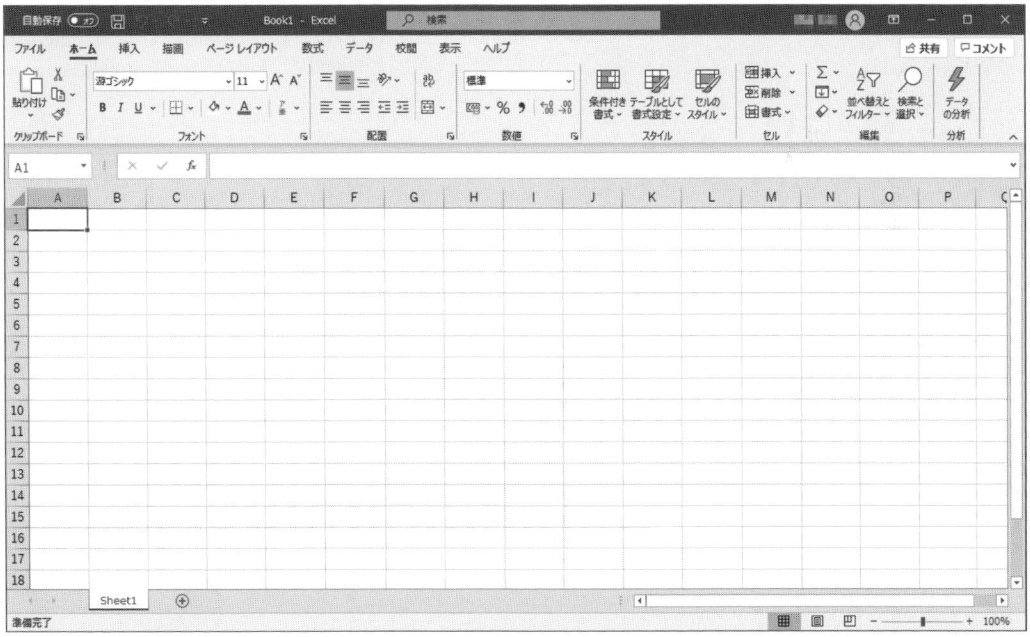

図2-31 ▸Excelの画面

リボンとタブ

リボンにはExcelに各種の指示を与える命令（メニュー項目）が配置されています。タブをクリックするとリボンの内容が切り替わります。

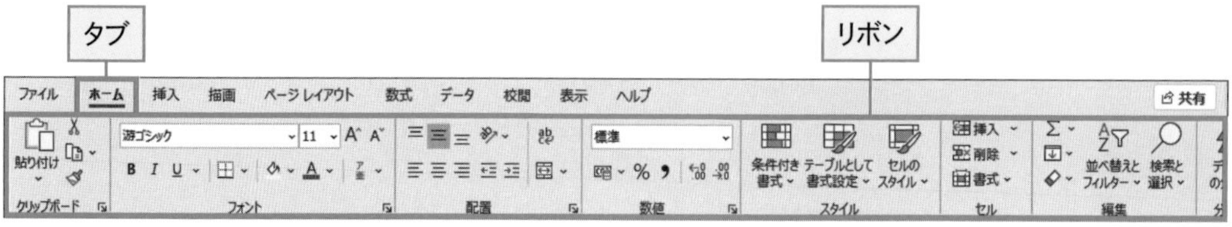

図2-32 ▸［ホーム］タブの内容を表示

グループと詳細設定

それぞれのリボンは、さらに機能ごとにグループ分けされています。グループ名の右に下向きの矢印がある場合、クリックすると詳細設定の画面が表示されます。

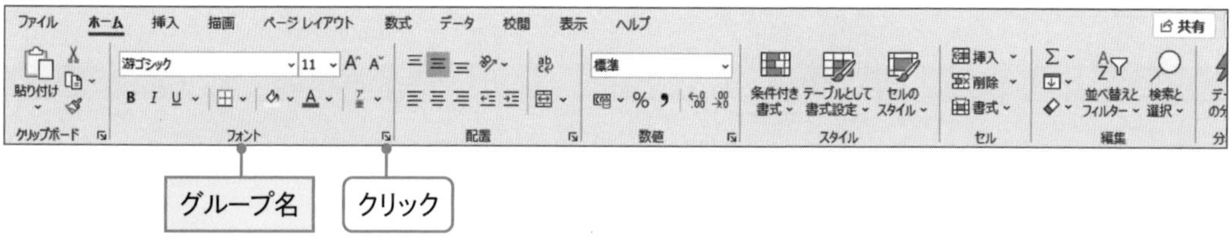

図2-33 ▸「フォント」グループの右の矢印をクリック

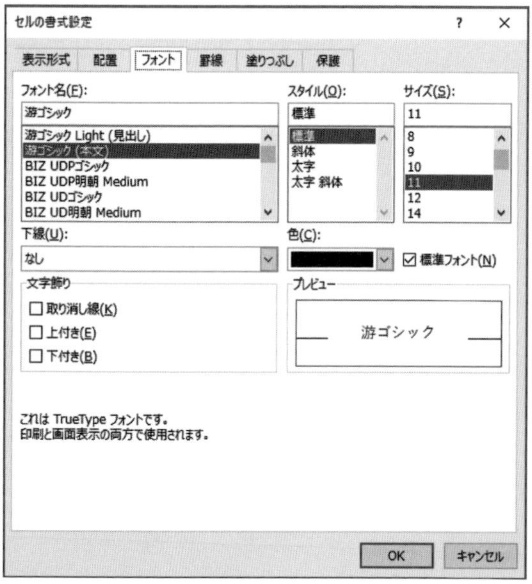

図2-34 ▸詳細設定の画面

例題2-3　表とグラフの作成

次の表とグラフを完成させましょう。

	A	B	C	D	E	F	G	H
1								
2		営業部別売上推移					(単位：千円)	
3	営業部名	4月	5月	6月	7月	8月	9月	
4	営業1部	15,826	27,194	24,281	32,760	30,469	33,617	
5	営業2部	26,433	20,718	19,405	23,718	29,226	30,049	
6	営業3部	20,589	29,347	31,058	38,347	34,862	35,572	
7	東北営業部	9,618	9,968	10,274	10,169	15,384	17,028	
8	関西営業部	12,068	17,377	14,298	19,864	18,995	15,304	

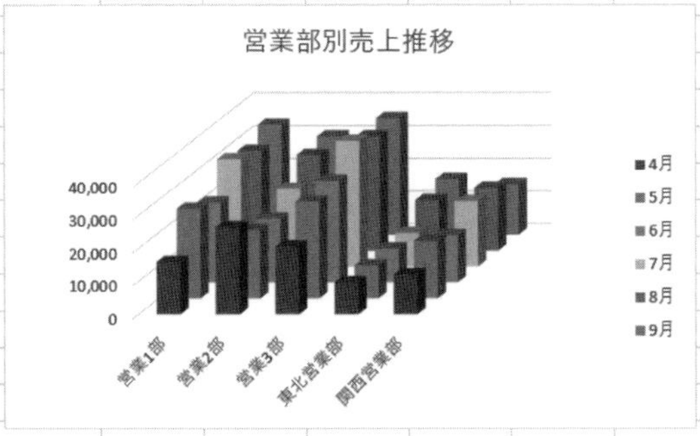

図2-35 ▸例題2-3で作成する完成図

表の作成

次のデータを入力し、「営業部別売上推移」表を作成しましょう。

	A	B	C	D	E	F	G	H
1								
2		営業部別売上推移					(単位：千円)	
3	営業部名	4月	5月	6月	7月	8月	9月	
4	営業1部	15,826	27,194	24,281	32,760	30,469	33,617	
5	営業2部	26,433	20,718	19,405	23,718	29,226	30,049	
6	営業3部	20,589	29,347	31,058	38,347	34,862	35,572	
7	東北営業部	9,618	9,968	10,274	10,169	15,384	17,028	
8	関西営業部	12,068	17,377	14,298	19,864	18,995	15,304	
9								
10								

図2-36 ▸表を作成

グラフの挿入

［グラフの挿入］を利用して、グラフを作成します。

グラフにしたい範囲（ここではセルA3からG8）をドラッグして選択状態にし、［挿入］タブの［グラフ］グループの右下の小さな四角をクリックします。

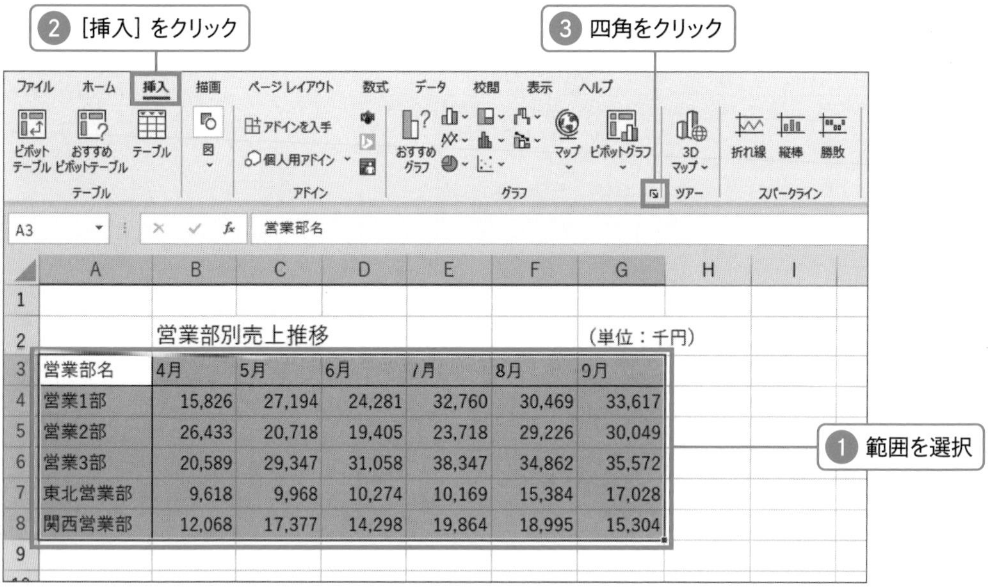

図2-37 ▸グラフにしたい範囲を選択し、［グラフの挿入］を開く

［グラフの挿入］でグラフの種類を選びます。ここでは［3-D縦棒］を指定します。

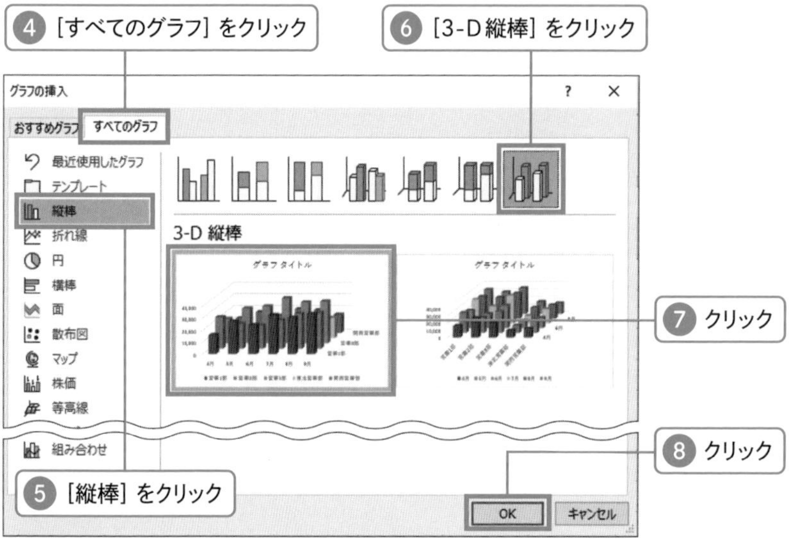

図2-38 ▸［グラフの挿入］でグラフの種類を選択

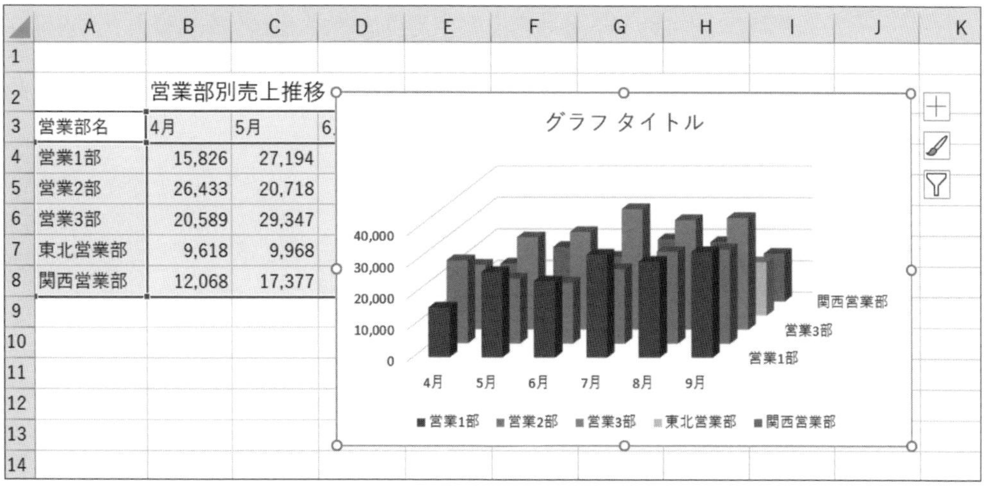

図2-39 ▸表にグラフが挿入される

グラフの調整

［グラフのデザイン］タブでグラフの調整を行います。まず、行と列を逆にします。

なお、［グラフのデザイン］タブが表示されていないときは、グラフをクリックして選択状態にすると表示されます。

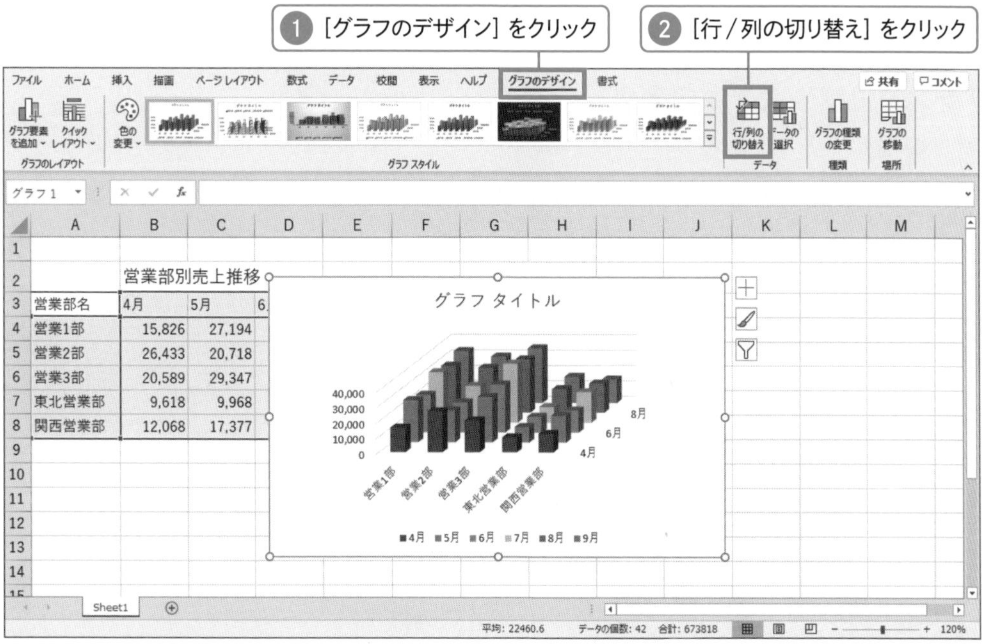

図2-40 ▸行と列を逆にする

グラフのデザインを変更し、グラフにタイトルを入力します。「グラフタイトル」のところをクリックすると、カーソルが表示されるので、「営業部別売上推移」と入力します。

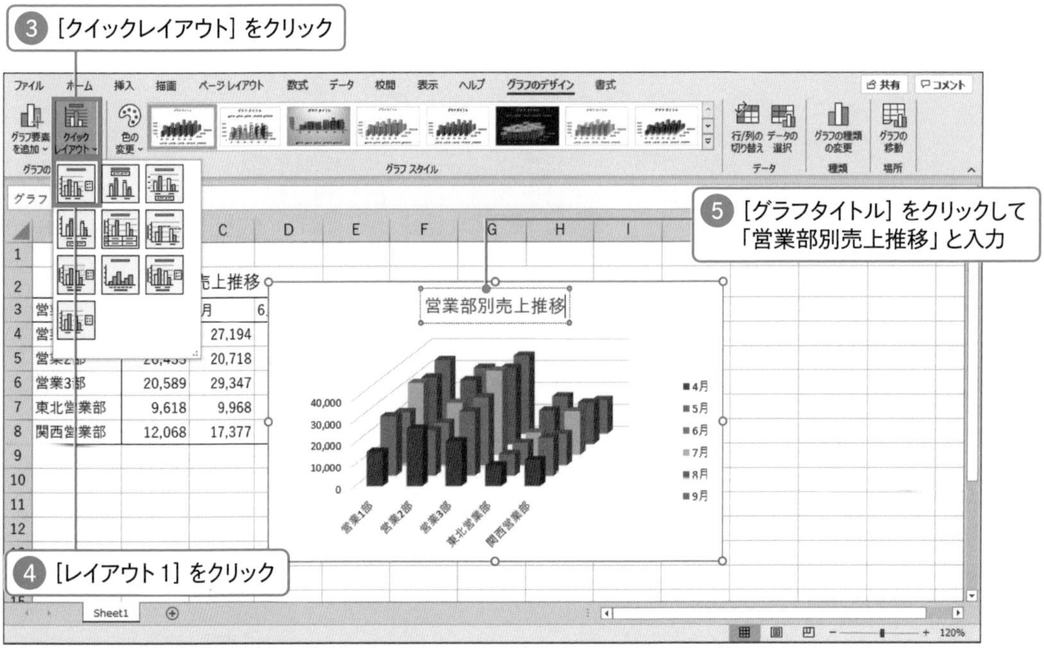

図2-41 ▸グラフタイトルの入力

グラフの位置や大きさの変更

グラフの端にマウスを重ねると、形がかわります。○印のところでドラッグするとグラフの大きさを変更できます。線のところでドラッグすると移動になります。

完成図（**図2-31**）を参考にして、位置や大きさを変更し、表の下に配置しましょう。

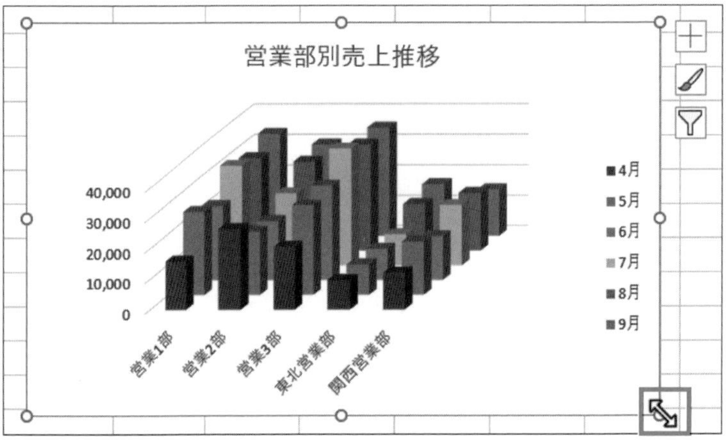

図2-42 ▸大きさの変更

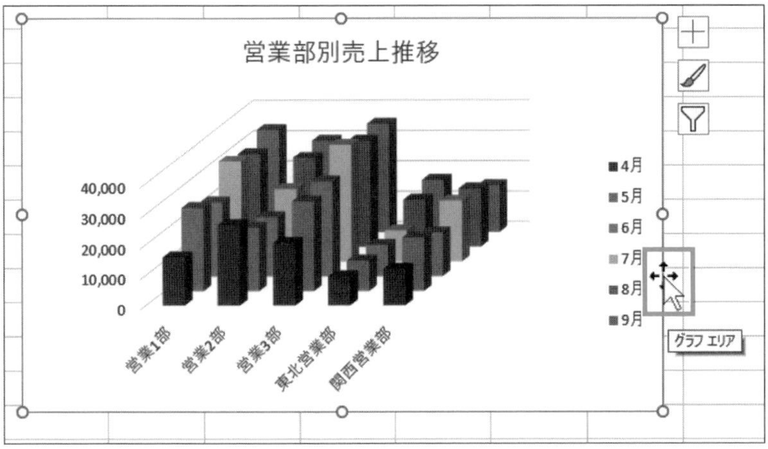

図2-43 ▸グラフの移動

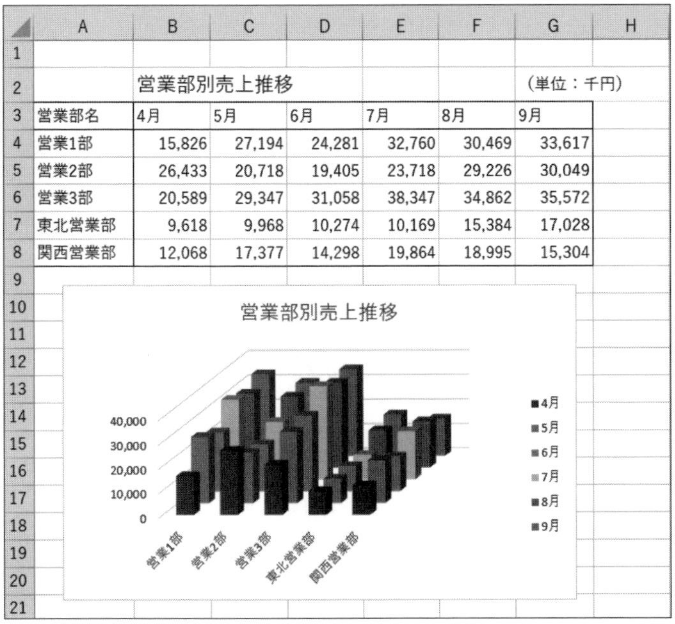

	A	B	C	D	E	F	G	H
1								
2		営業部別売上推移					(単位：千円)	
3	営業部名	4月	5月	6月	7月	8月	9月	
4	営業1部	15,826	27,194	24,281	32,760	30,469	33,617	
5	営業2部	26,433	20,718	19,405	23,718	29,226	30,049	
6	営業3部	20,589	29,347	31,058	38,347	34,862	35,572	
7	東北営業部	9,618	9,968	10,274	10,169	15,384	17,028	
8	関西営業部	12,068	17,377	14,298	19,864	18,995	15,304	

図2-44 ▸表の下に配置したら完成

例題2-4　週間製作数表の作成

合計と目標達成率を計算し、「週間製品製作数」の表を完成させましょう。

表の作成

次のように入力して、表を作成しましょう。

	A	B	C	D	E	F	G
1		週間製品制作数					
2							
3	曜日	製品A	製品B	合計	制作目標	目標達成率（%）	
4	月	156	82		250		
5	火	198	76		260		
6	水	120	95		240		
7	木	167	84		250		
8	金	205	82		300		
9							
10							

図2-45 ▸表を入力

「合計」の計算式の入力

オートSUMを利用して、製品Aと製品Bの合計を計算する式（=SUM(B4:C4)）をセルD4に入力し、表示しましょう。

図2-46 ▸計算式を入力

合計を求めるExcelの関数が「SUM」です。Excelでは式を表す場合、最初に「＝」をつける決まりです。「＝SUM(B4:C4)」のようにカッコ内には合計したいセルの範囲を指定します。

オートSUMはクリックするだけで合計の式を入力してくれる便利な機能です。

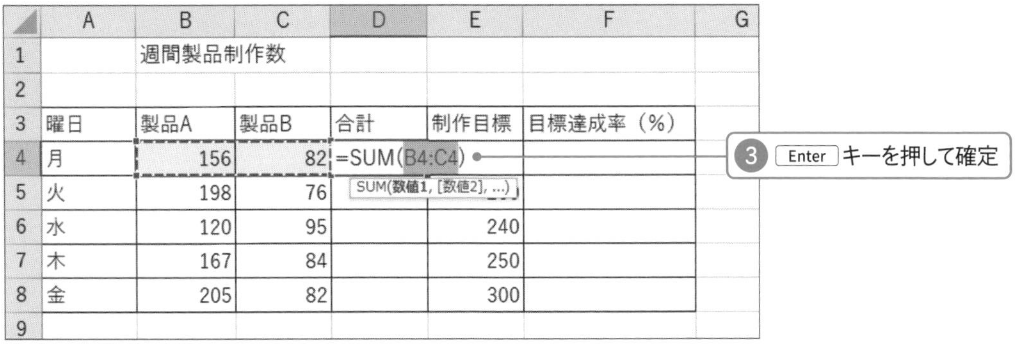

図2-47 ▸式が入力されるので、Enter キーで確定

ポイント 計算範囲が間違っている場合、マウスドラッグで変更します。

月曜日の製品Aと製品Bの合計を求める計算式を他の曜日にも適用します。Excelは、簡単な操作で、セルD5からD8（火から金）にも同様の式を適用することができます。

図2-48 ▸別の曜日にも計算式を適用

「目標達成率」の計算式を入力

目標達成率の計算は、「合計÷製作目標×100」です。表に表示する際は、計算結果を小数点第1位に四捨五入します。四捨五入のためのExcelの関数はROUNDです。「ROUND(数値, 桁数)」と指定します。桁数に「1」を指定すると小数点第1位に、「2」を指定すると小数点第2位に四捨五入します。

実際に入力してみましょう。

図2-49 ▸セルF4に式を入力し、Enter キーで確定

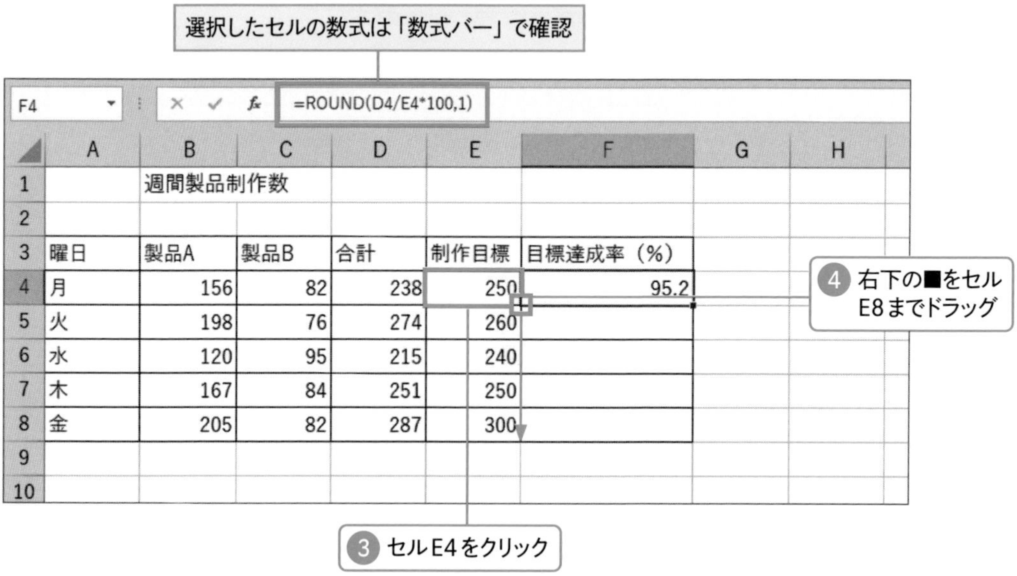

図2-50 ▸セルF4の式をセルF5からF8にも適用

	A	B	C	D	E	F	G	H
1		週間製品制作数						
2								
3	曜日	製品A	製品B	合計	制作目標	目標達成率（%）		
4	月	156	82	238	250	95.2		
5	火	198	76	274	260	105.4		
6	水	120	95	215	240	89.6		
7	木	167	84	251	250	100.4		
8	金	205	82	287	300	95.7		
9								
10								

図2-51 ▸ 完成した「週間製品製作数」表

例題2-5　複合グラフの作成

例題2-4の表を元に次図のような、棒グラフと折れ線グラフの複合グラフを作成しましょう。製品Aと製品Bは曜日ごとに棒グラフにし、目標達成率を折れ線グラフに表示します。

	A	B	C	D	E	F	G
1		週間製品製作数					
2							
3	曜日	製品A	製品B	合計	制作目標	目標達成率（%）	
4	月	156	82	238	250	95.2	
5	火	198	76	274	260	105.4	
6	水	120	95	215	240	89.6	
7	木	167	84	251	250	100.4	
8	金	205	82	287	300	95.7	

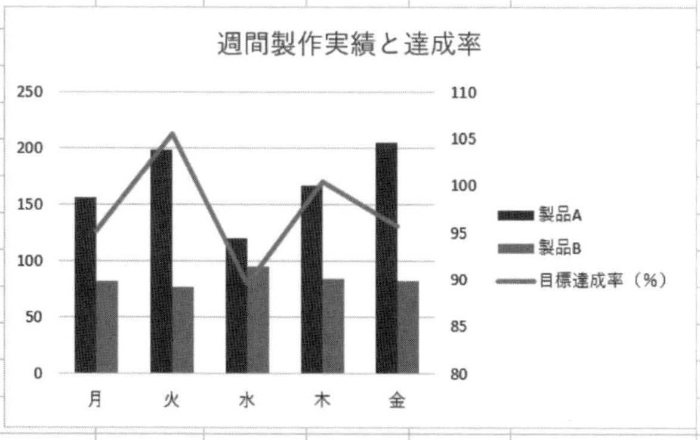

図2-52 ▸「週間製品製作数」表を元に複合グラフを作成

棒グラフの作成

まず棒グラフを作成します。グラフにしたいデータをすべて選びます。

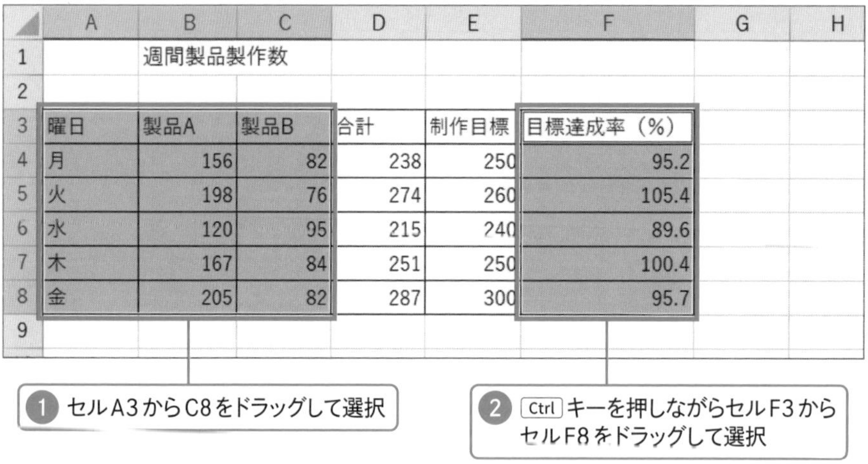

図2-53 ▸グラフにしたいデータを選択

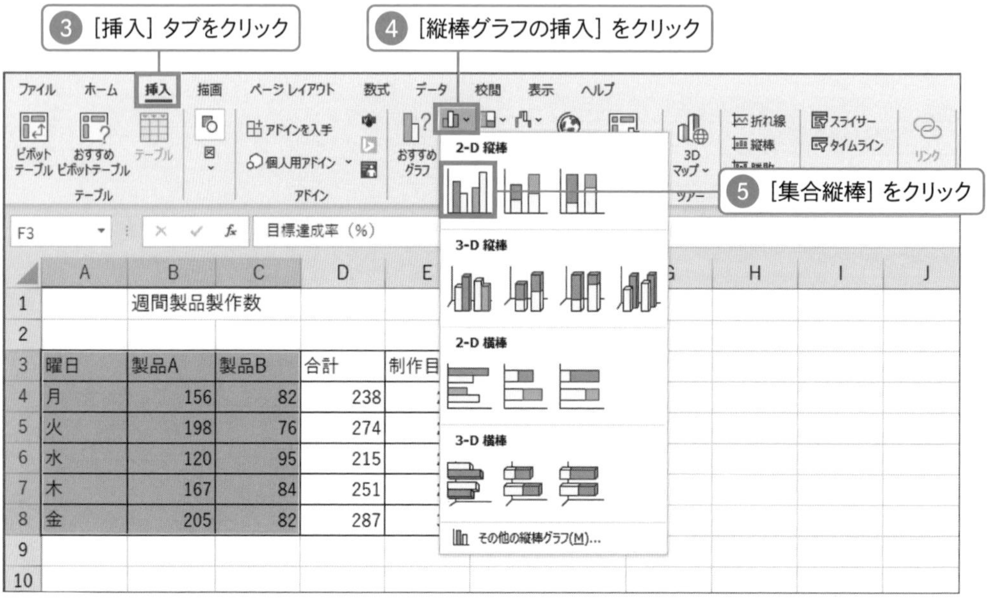

図2-54 ▸グラフの種類を指定

折れ線グラフの追加

「目標達成率」を折れ線グラフに変更します。

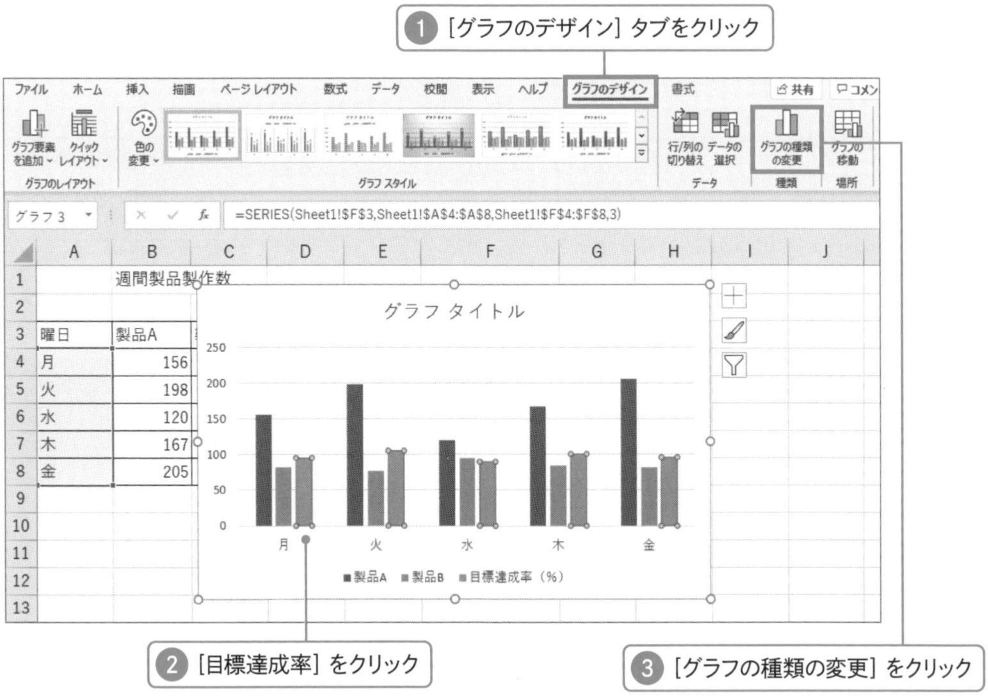

図2-55 ▸目標達成率を折れ線グラフに変更

ポイント [グラフのデザイン] タブが表示されていないときはグラフをクリックします。

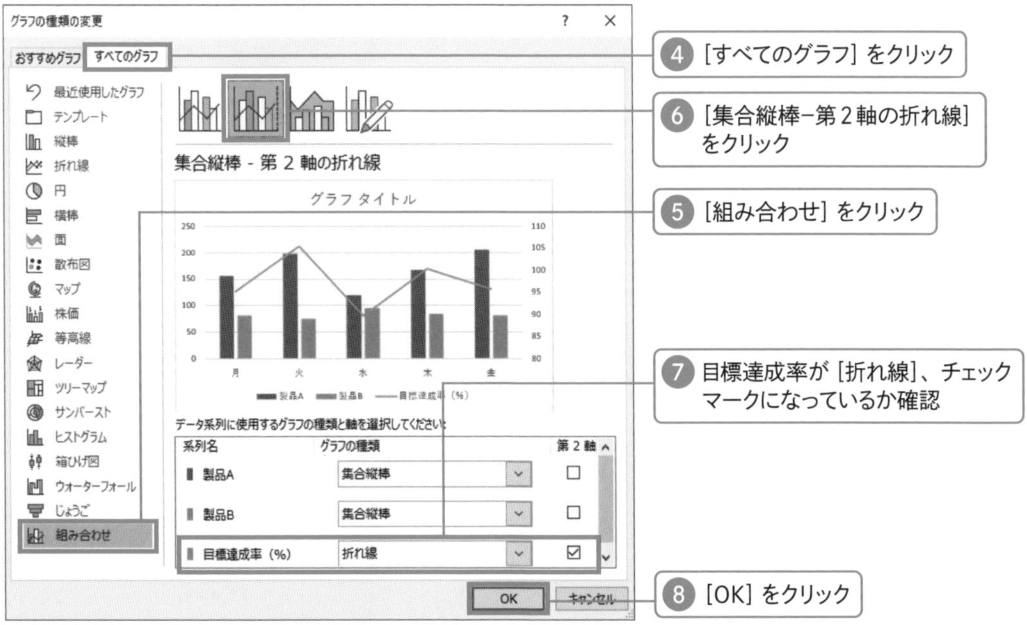

図2-56 ▸2つめのグラフの指定

タイトルやレイアウトの変更

グラフにタイトルをつけたり、レイアウトを変更して完成させます。

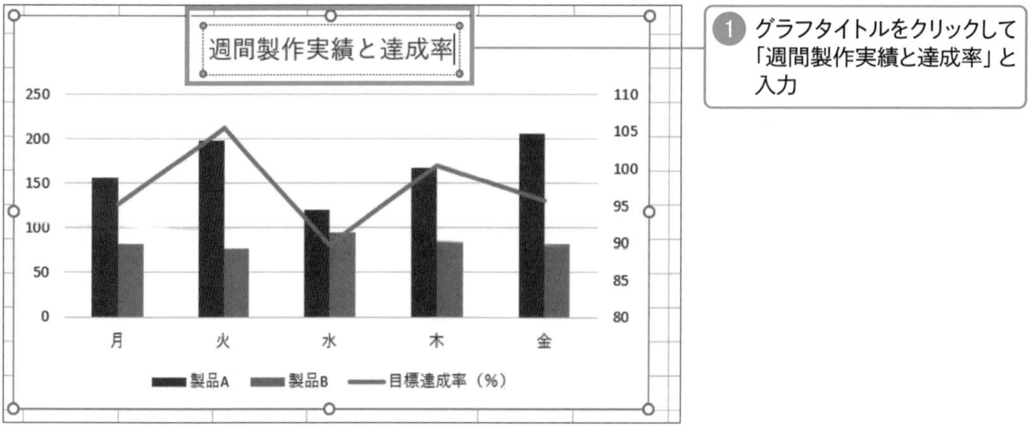

図2-57 ▶グラフタイトルの変更

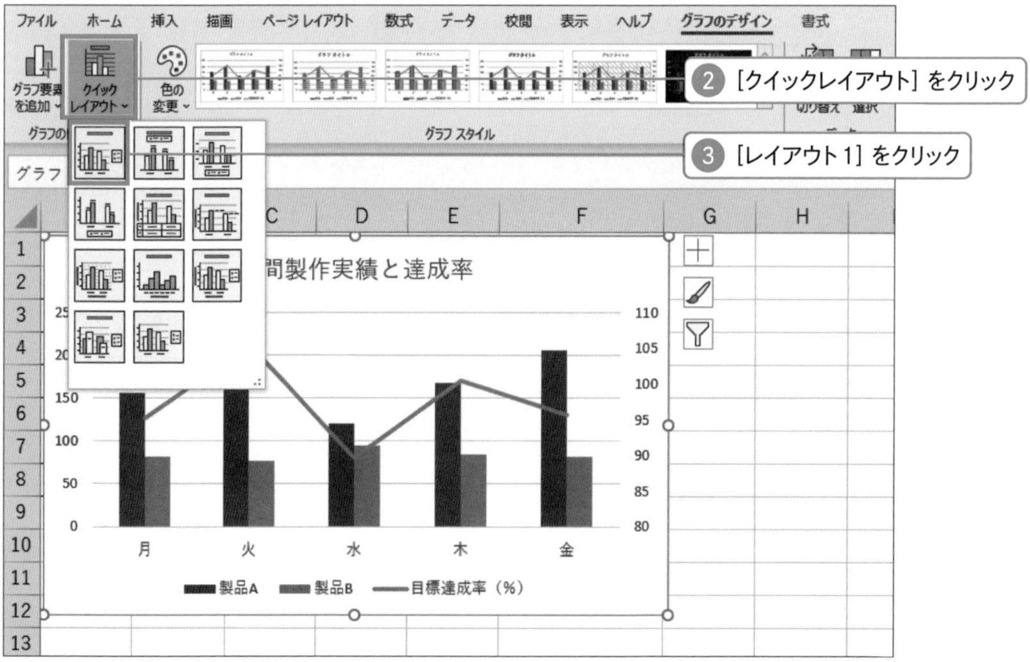

図2-58 ▶グラフレイアウトの変更

グラフの位置や大きさを調整して、**図2-52**の完成図に近づけましょう。

データベース

Excelのワークシートを、データベースのデータ（テーブルという）として使ってみましょう。データベースには「レコード」や「フィールド」という基本的構造があります。Excelでは行をレコード、列をフィールドに見立てます。また、フィールドの最初には、「フィールド名」を設定します。

フィールド	縦１列の特定の項目の集合
フィールド名	先頭の行のフィールドの見出し
レコード	横１列の１件分のデータ

表2-7 ▸ データベースの基本構造

	A	B	C	D	E	F
1	No	社員番号	氏名	性別	入社年月	担当部署
2	1	9101	佐々木　静江	女	1994/4/8	総務部
3	2	9102	結城　康夫	男	1995/4/9	総務部
4	3	9103	近藤　さやか	女	1995/4/9	営業1部
5	4	9104	関根　絵見	女	1995/4/9	営業2部
6	5	9105	成田　剛	男	1995/4/9	営業1部
7	6	9106	渡辺　一郎	男	1995/10/1	営業2部
8	7	9107	森田　栄子	女	1995/12/12	庶務部
9	8	9108	高西　優	男	1996/4/8	販売促進部
10	9	9109	小柳　恵子	女	1996/4/8	営業2部
11	10	9110	内田　篤	男	1996/4/8	営業1部
12	11	9111	鈴木　健	男	1996/4/8	営業2部
13	12	9112	遠藤　千枝	女	1996/4/8	総務部
14	13	9113	平岡　智子	女	1996/7/20	販売促進部
15						

図2-59 ▸ Excelのテーブル

また、Excelをデータベースとして利用する場合、次の点に注意する必要があります。

- １レコード１行とする（複数行にわたって入力しない）
- 各フィールドの先頭行には、フィールド名をつける
- フィールド名はわかりやすい名称にする
- フィールド名は重複しないようにする
- フィールド内は同じ種類のデータ型にする（同一フィールドに数値、文字列、日付形式で入力されたデータが混在しないように）。
- 行と行の間に空白行を入れない

例題2-6　ソート

表の作成

フィットネスクラブの会員情報をまとめた表を作成しましょう。レッスン料は1時間につき1,000円とします。レッスン料のフィールドは「レッスン時間×1000」で計算することができます。例えば、No1の会員の場合セルE2に「＝SUM(E2*1000)」と入力します。

	A	B	C	D	E	F	G
1	No	会員番号	氏名	性別	レッスン時間	レッスン料	コース名
2	1	1041	木村　実	男	60	60,000	筋力トレーニング
3	2	1042	長嶋　洋一	男	82	82,000	体力維持
4	3	1043	松島　智子	女	43	43,000	筋力トレーニング
5	4	1044	竹内　徹	男	16	16,000	ダイエット
6	5	1045	三原　理恵	女	28	28,000	筋力トレーニング
7	6	1046	村西　誠	男	47	47,000	体力維持
8	7	1047	浅野　直子	女	51	51,000	体力維持
9	8	1048	志村　友也	男	34	34,000	筋力トレーニング
10	9	1049	佐藤　直己	男	44	44,000	ダイエット
11	10	1050	山田　聡	男	28	28,000	筋力トレーニング
12	11	1051	森田　恵子	女	10	10,000	ダイエット
13	12	1052	山口　京子	女	27	27,000	ダイエット
14	13	1053	川村　順子	女	27	27,000	ダイエット
15	14	1054	市川　美智恵	女	30	3,000	ダイエット
16	15	1055	村田　栄一	男	74	74,000	筋力トレーニング
17							

図2-60 ▸ フィットネスクラブの会員情報

ソートの実行

表のデータをソートしてみましょう。データベースのソートとは、データベースのレコードの順序を、ある目的に従って昇順、降順などに並べ替えることです。

手順は並べ替えたい表を選択し、［データ］タブの［並べ替え］をクリックします。［並べ替え］ダイアログボックスが表示されるので条件を設定します。

ここでは、上の表を「男女別」かつ「レッスン時間の長い人」の順番で並べ替えてみましょう。

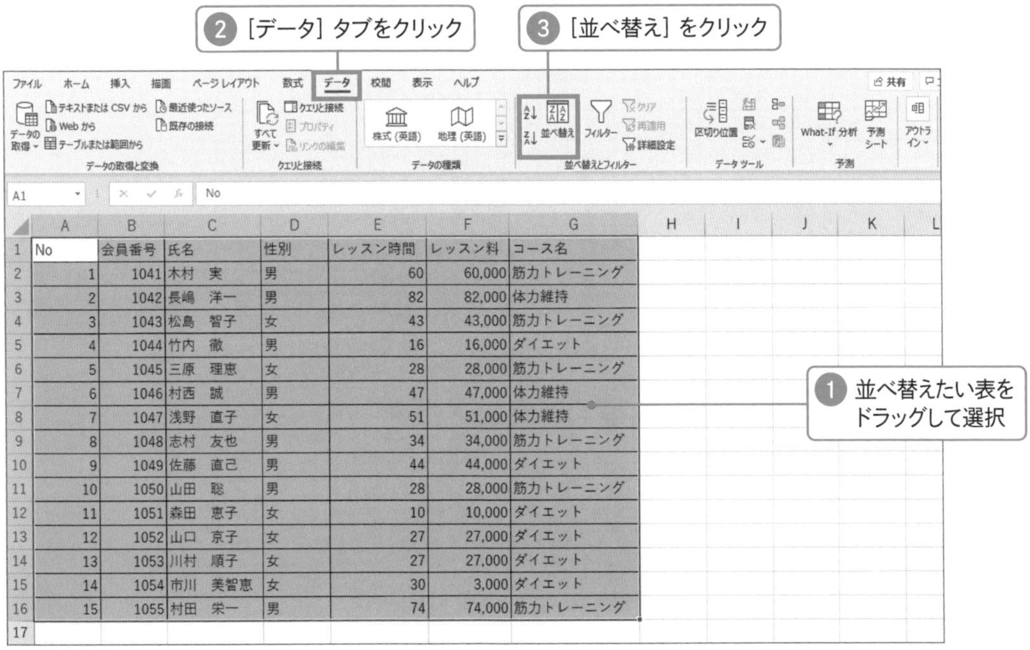

図2-61 ▸ 並べ替えの実行

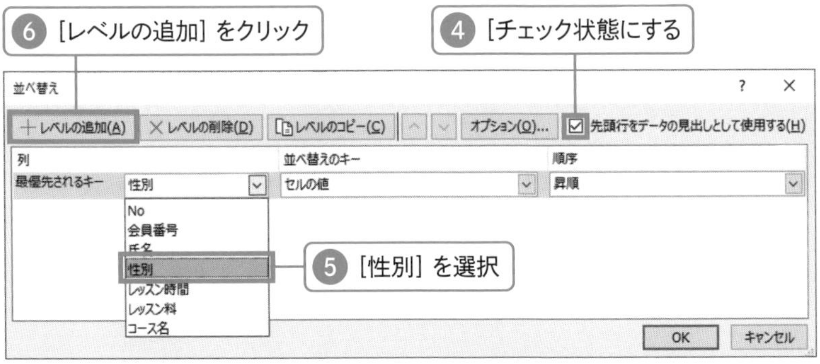

図2-62 ▸ [並べ替え] ダイアログボックスでの設定（男女で並べ替え）

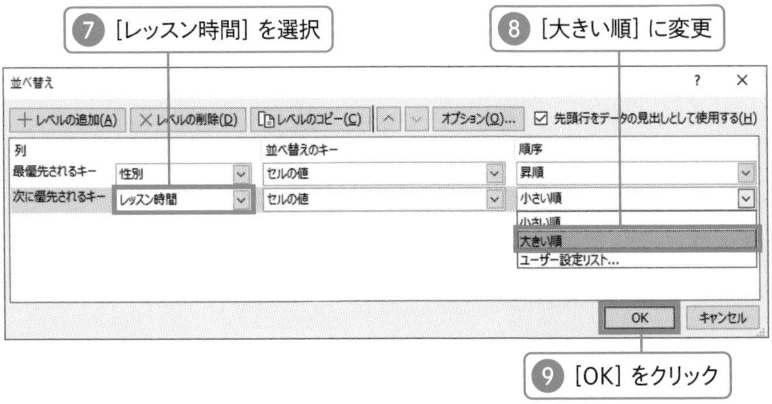

図2-63 ▸ [並べ替え] ダイアログボックスでの設定（レッスン時間で並べ替え）

	A	B	C	D	E	F	G	H
1	No	会員番号	氏名	性別	レッスン時間	レッスン料	コース名	
2	7	1047	浅野　直子	女	51	51,000	体力維持	
3	3	1043	松島　智子	女	43	43,000	筋力トレーニング	
4	14	1054	市川　美智恵	女	30	3,000	ダイエット	
5	5	1045	三原　理恵	女	28	28,000	筋力トレーニング	
6	12	1052	山口　京子	女	27	27,000	ダイエット	
7	13	1053	川村　順子	女	27	27,000	ダイエット	
8	11	1051	森田　恵子	女	10	10,000	ダイエット	
9	2	1042	長嶋　洋一	男	82	82,000	体力維持	
10	15	1055	村田　栄一	男	74	74,000	筋力トレーニング	
11	1	1041	木村　実	男	60	60,000	筋力トレーニング	
12	6	1046	村西　誠	男	47	47,000	体力維持	
13	9	1049	佐藤　直己	男	44	44,000	ダイエット	
14	8	1048	志村　友也	男	34	34,000	筋力トレーニング	
15	10	1050	山田　聡	男	28	28,000	筋力トレーニング	
16	4	1044	竹内　徹	男	16	16,000	ダイエット	
17								

図2-64 ▸表が並べ替えられたところ（男女別かつレッスン時間の多い順）

ポイント

昇順と降順

昇順とは、数だと「小さい→大きい」順、アルファベットだと「a→z」順、ひらがなだと「あ→ん」順となります。降順は逆に数だと「大きい→小さい」順、アルファベットだと「z→a」順、ひらがなだと「ん→あ」順となります。例題2-6の場合、**図2-62**で「降順」を選ぶと男女の配置が逆になります。

3章

就職活動の進め方

3-1 全体的な流れ

変化する社会に対応した人材

昨今、新卒就職活動の市場には様々なサービスや取り組みが出現しています。それらはうまく利用すれば強力な武器になりますが、活用方法を間違えれば、迷路に迷い込むことになります。実際、迷走する学生が後を絶ちません。新しいものが出てきたとしても、就活市場の基本的なことは何も変わりません。

この章では就職活動のオーソドックスな流れと進め方を解説します。基本を理解した上で応用を組み合わせていけば、学生のみなさんにとって理想の就職活動になるでしょう。

～就職活動の全体像～

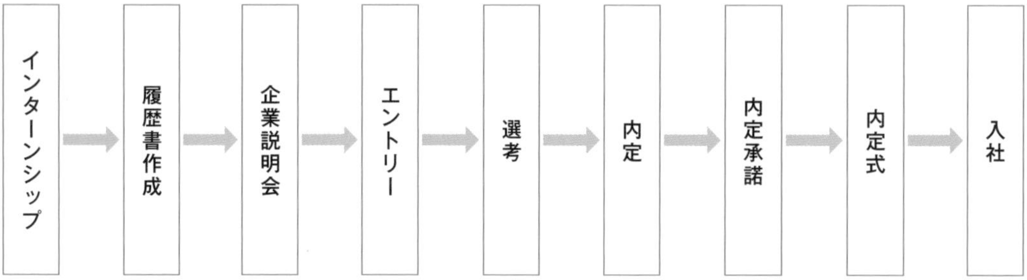

就職活動での全体的な流れは図の通りです。注意すべきなのは業界によって開始時期、選考期間、内定出しの時期が異なる点です。

以下に開始時期の違う企業群を記載します。もちろん独自の動きをする企業もあるので、あくまでも参考程度に把握してください。

開始時期の早い企業群

属　　　　性：ベンチャー企業（新興企業）、外資系企業

業　　　　界：IT、広告

インターンシップ開始時期：大学1年生～大学2年生

選考開始時期：大学2年生

内 定 時 期：良い学生がいれば即時

※インターンシップが選考になっている企業も多い。

企業の思惑：即戦力を求める業種業態が多い。インターンシップの段階で自社教育をし、自社のマインドに染めることで入社後の即戦力を求めている。スピードの速い業界に多い傾向である。

一般的に開始する企業群

属　　　　性：大手企業（上場企業）、経団連に所属している企業

業　　　　界：多業種

インターンシップ開始時期：大学3年生

選考開始時期：大学3年生3月（2020年実績）

※経団連の取り決めに準じている企業

内 定 時 期：大学4年生4月～6月

企業の思惑：選考開始時期を決めている経団連の取り決めに合わせている。大学及び大学生の多くもこの時期を開始時期として定めているため、多くの学生が動き出す時期に合わせて選考を進めている。

遅い時期に開始する企業群

属　　　　性：中小企業

業　　　　界：多業種

インターンシップ開始時期：大学3年生

選考開始時期：大学4年生7月

内 定 時 期：通年

企業の思惑：大手企業が活発に動いた後（4～6月）の内定を取得できていない学生をターゲットにしている。

〜イメージ図〜

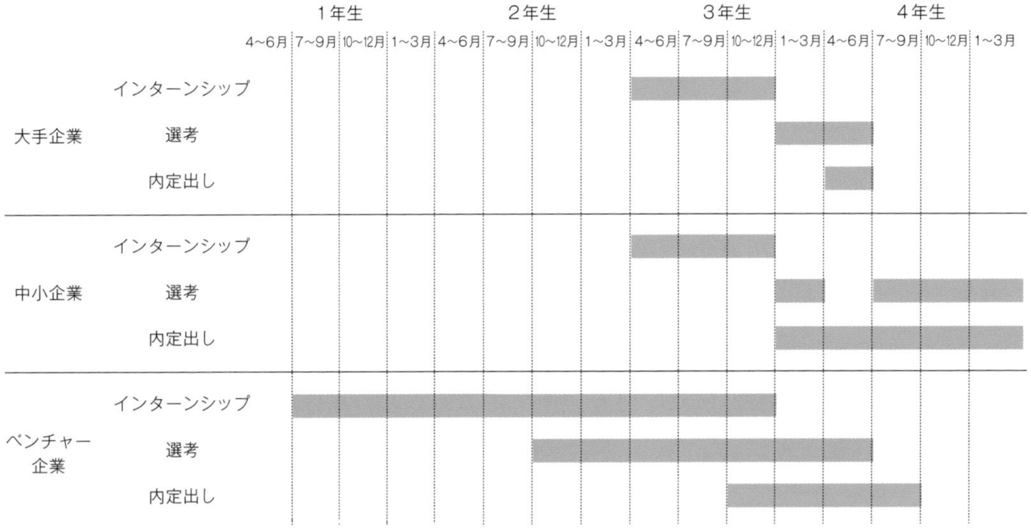

まとめ

企業は自社の求めている学生を無駄なく採用するために、自社の規模や業種、待遇などを他社と比較し、学生の動きに準じて戦略的に採用活動を実施しています。企業側の思惑を理解しながら就職活動を進めると、無駄な動きをすることなく、また内定を焦ることなく志望の業界を受けることができるでしょう。

3-2

インターンシップの必要性

インターンシップは「仕事体験」という目的でスタートした取り組みですが、現在では「就職活動の入り口」に目的が変化してきています。

目的が変化したインターンシップにはどのような意味があるのか、企業目線と学生目線で理解しておくと、取り組み方にも深みが出てきます。

また、インターンシップには参加方法がいくつかあるので、そちらも簡単に説明します。

それぞれの目線

【企業目線】

① 選考前のフランクな状態で学生に接することで、学生の本質を把握しておきたい。
② その年の学生の質（タイプや雰囲気）を選考前に理解しておきたい。
③ 良い学生がいればインターンシップの段階で声をかけたい。

【学生目線】

① 学生と社会人の違いを肌で感じることができる。
② 選考会では聞けないような内部の話を聞くことができる。
③ 企業を肌で感じることができ、志望業界や志望企業を定めやすくなる。
④ インターンシップ先との関係性が良くなればそのまま内定などの特例選考もある。

参加方法

【短期（1日）インターンシップ】

社内の見学や先輩社員との座談会など、簡単な実働を実施しながらも企業側との交流をメインとしたものが多いです。

【長期インターンシップ】

参加者にプロジェクトを持たせて、実践的なものをプログラムに組み込んでいるものが多いです。このタイプは直接の選考（インターンシップ結果が1次選考など）に結びつくものもあるため、学生にとってはチャンスともいえます。

まとめ

結論から言うとインターンシップには参加した方が良いです。毎年参加している学生と参加していない学生がいますが、前者の学生の方が、圧倒的に就職活動を有利に進めています。有利に進めている理由は単純で、相手（企業）の内部を知ることのできる一番の機会といえるからです。どのように就活を進めるべきかのイメージをつけやすくなる制度だといえます。

3-3 履歴書作成

履歴書とは、自分を理解してもらうための企業宛ラブレターです。以下に履歴書作成時の重要ポイントを記載します。

記載する内容は当たり前のことばかりですが、この当たり前をできない学生が毎年非常に多くいます。おそらく、一般的な就活本をそのまま何も考えずに書いているのでしょう。企業を異性と考えラブレターと思って書くと、十人十色の自分だけの深みのある履歴書ができるはずです。

作成のポイント

丁寧に思いを込めて書く

字が上手い・下手はそれぞれあると思いますが、丁寧に書いているか適当に書いているかは字を見ればわかります。

自分の一番丁寧な字で真剣に書くことが最も重要なポイントです。

※WEB版の履歴書提出を指定されている場合はWEB履歴書の提出で良い。

様々な角度から自分を自己評価する

履歴書には自分をアピールする項目がいくつかあります。「学生時代に力を入れたこと」「特技」「趣味」など、履歴書によって項目は異なります。

この複数の項目を記載する際に、可能な限り異なる事象で表現することが重要です。例えば、サークルを頑張っていた学生がいたとします。その学生が全ての項目にサークルの話題で表現をするのはもったいないことです。自分のこれまでの人生はサークル活動で埋め尽くされているわけではないでしょう。

企業が履歴書で知りたいのは学生の全体像です。履歴書は面接前の事前情報として企業側は利用します。より多くの情報があった方が企業としても面接を進めやすくなるのは言うまでもありません。

写真をしっかりと撮る

写真をしっかり撮ることは重要です。可能であればカメラマンに頼みましょう。それが難しいならスピード写真でも問題ありません。重要なのは表情、髪型、服装です。

表情：自然体を意識

髪型：清潔感のある髪型

※業界によっては特徴のある髪型が好まれる場合もあります。前年の就職活動状況をチェックする必要がある。

服装：男女ともにジャケット着用のスーツ。男性はネクタイ必須

写真をしっかりと貼る

次に、写真を履歴書にしっかりと貼る必要があります。当たり前のことだと思うかもしれませんが、ここをしっかりとできていない学生が非常に多くいます。写真が斜めに貼られていたり、今にも剥がれ落ちそうな写真となっていたりです。枠内に収まるサイズで、綺麗に貼ることを心がけましょう。

まとめ

選考のスタートは履歴書の提出から始まります。1枚の紙で自分の全てを書き記すことは難しと思いますが、可能な限りの情報を企業側に伝えられるよう思いを込めて書きあげることが重要です。

3-4 説明会（合同説明会版＆企業説明会版）

3

選考を円滑に進めるためのポイントは、この説明会に全て含まれていると言っても過言ではありません。

説明会参加のポイントを挙げていきます。

合同説明会

【事前準備】

① 参加する企業リストを事前に確認。

② 話を聞きたい企業のピックアップと場所の確認。

※合同説明会では多くの企業が参加しているため、ある程度気になる企業を用意しておかないと、会場の雰囲気にのまれて希望企業にたどり着かないケースが多い。

③ 志望の企業が出店している場合、気になる質問などを準備しておく。

【説明会当日の動き】

① まずは準備した気になる企業を回る。

② 気になる企業を回った後は時間の許す限り会場で気になった企業の話を聞いてみる。

※合同説明会への参加は1～2回と考えておくと良い。企業の多くは複数の合同説明会に参加しているため、何度行っても同じ企業に出くわす可能性が高い。

③ 志望度の高い企業の話はできる限り多くの情報を得られるように努める。
人気企業は話を聞く時間も限られている場合が多いため、聞きたい事については質問タイムで必ず聞くようにする。

企業説明会版

【事前準備】

①企業情報を予習する。
（調べる方法）企業ホームページ、四季報、学校就職課にある企業情報など。

②企業情報以外はまっさらな状態にしておき、余計な情報は入れ込まない。

③自分自身の外せない条件（例えば、給与額や休日日数など）を今一度整理しておく。

【説明会当日の動き】

①説明会30分前には会場につくように行動する。入場できる場合は、先に入って配布物に目を通しておくと良い。

②より前列に座るようにしよう。説明者に近い方が単純に集中力は増すからである。

③メモは最低限にし、説明者の話を聞くことに集中する。

④本当に聞きたい事は、どんな内容でも質問してその場で解決させよう。

※説明会は企業の人事が担当している事がほとんどであり、回答できる質問には全て答えてくれる。

⑤選考を希望する場合、今後の流れについての情報を理解して帰るようにする。

まとめ

説明会といっても、すでに選考はスタートしていると気を引き締めて臨む必要があります。説明会での服装や受け方、質問内容などを企業担当者はチェックしています。終始集中して参加する事が重要です。

説明会なので良い子を演じる事に注力しすぎて、聞くべき事を聞けなくなるのは本末転倒です。選考前に企業を詳しく知ることができる重要な機会なので、無駄のないよう入念に準備をしておく必要があります。

3-5

企業エントリー

選考希望の企業が決まると企業エントリーが必要となります。エントリー方法は企業によって様々です。代表的なものを以下で説明します。

WEBサイトによるエントリー

Webサイトによるエントリー方法には、リクナビやマイナビなどの大手就活サイトを利用する方法や企業のホームページから直接エントリーを行う方法があります。

リクナビ（株式会社リクルート社提供）
マイナビ（株式会社マイナビ社提供）
企業が独自で用意している自社採用サイト
その他採用サービスサイト

※WEBサイトは初期登録をした情報がそのままエントリー情報になるケースがある。初期登録の際に入力ミスなど無いように注意する。
※エントリーが完了すると、登録しているメールアドレスにエントリー完了メールが届くのが通常。届かない場合は、登録のメールアドレスが間違っているか、迷惑メールに入っている可能性があるので注意する。

郵送によるエントリー

企業指定のエントリーシートを郵送で発送する方法です。
企業指定のエントリーシートを取得する方法は、以下の2パターンがあります。

- 取得方法①　企業採用ページからダウンロードする形式
- 取得方法②　説明会参加の際に参加者のみ配布される形式

※この場合、説明会の最後に配布されるケースなどがある。選考希望の企業説明会は、途中で抜けることなく最後まで参加するように。

郵送方法

発送履歴・発送追跡のできる郵送方法（レターパックや宅急便など）で発送するようにします。普通郵便で発送する場合は、発送してから2〜3日後にエントリー企業に連絡して到着の確認をします。

注意事項

① 自分の情報は間違いのないよう注意して入力・記入する。

※電話番号相違、メールアドレスのご記入などは連絡が取れない致命的なミスとなる。

② メールアドレスはPCのアドレスを記入するようにする。（携帯アドレスはNG）

※大学から付与されているアドレスが一番良い。

③ 指定の期間内にエントリーを実施する。

※エントリー期間を設けられている場合、その期間を見逃さないように。

まとめ

志望企業のエントリー方法を把握することが重要です。エントリーの受付期間やエントリー方法を把握していないと、志望企業の選考を受けられないことになるため気を付けましょう。

3-6

選考

選考のメインは面接です。面接回数は企業ごとに異なります。面接の前半（1次面接）と後半（最終面接）では受け方を変えたほうが良いでしょう。ここでは、面接で注意したいポイントを、前半と後半に分けて解説します。

前半（1次選考～2次選考）

【企業側】

対応者：人事

目　　的：どのような学生なのか、学生の本心を探りたい。

面接内容：学生時代のこと、得意なこと、趣味など、学生のことをメインに質問してくる。

【学生の臨み方】

準備①：自分の事を話せるように自己分析をしっかりと行っていること。

準備②：面接時間内（30分～1時間）に、自分のことをより正確に面接官に話せるよう内容をまとめておく。

ポイント：良い話をしようとせずに、自分のことを知ってもらう事に集中すると良い。

後半（役員面接～最終選考）

【企業側】

対応者：役員、社長

目　　的：自社の戦力になるかの見極め、採用不採用の最終決定。

面接内容：入社後に何をチャレンジしたいか、どんなビジネス精神を持っているのか、自社の戦力になるのか、を様々な角度から質問してくる。

【学生の臨み方】

準備①：企業のことをしっかりと理解しておく

※入社したときのイメージをもって面接に臨む。説明会や前半の面接時に受けた企業の情報を理解していないと話にならない。

準備②：熱い思いを伝える

※強く入社を望んでいる場合は熱い思いを伝えるように心がける。

	前半戦	後半戦
選考プロセス	1次面接・2次面接	役員面接・最終面接
やるべき事	自分アピール	入社後のイメージ

まとめ

選考は、事前準備の充実度がそのまま結果に表れると言っても過言ではありません。特に意識すべきことは、自分を面接機械のように作りこまないことです。面接の目的は、お互いを理解しあう事にあるため、自分の100%の情報を企業側に伝える事に努めます。反対に、面接が進むにつれて、企業のことを深く理解するように努めます。就職活動の採用不採用とは、合格不合格ではなく、人生を共に歩む事ができるかを判断する機会です。

3-7 内定

選考の結果、晴れて内定を獲得した際の注意ポイントを解説します。

電話での結果通知に対して

① 知らない電話番号でも電話に出るように心がける。

※出られなかった場合は折り返し電話をかければ問題なし。

② 可能であれば割込通話機能を入れておく。

※割込通話…電話中に着信が入る機能。

③ 内定の連絡に対して、ありがとうございますとお礼を言う。

④ 内定後の流れを、メモを取りながら聞く。

※入社意志表示の期限など重要なことが含まれている。

⑤ 電話が終了した際に、先に電話を切らない（相手が切ったのを確認してから電話を切る）。

※電話応対のマナー。

メールでの結果通知に対して

①迷惑メール設定を確認しておく。

※知らないメールアドレスからも受信できるように。

②必ず返信をする。

③資料など添付物がないか確認をする。

④メール本文を全て読み、指示に従って内定後の動きを理解する。

まとめ

内定が出たことで安心してはいけません。企業の指示通りに手続きを進めればよほどの事がない限り、内定取消になることはありません、内定通知を受け取っただけで次のアクションを怠ると、内定取消などにつながるため気を抜かないようにしましょう。

3-8 内定承諾

内定が企業側の選考結果に対する意思表示であるのに対し、内定承諾は学生側から企業への入社の意思表示といえます。現代の新卒採用市場でのルールは内定承諾書の提出をもって入社が確定します。ここでは内定承諾についてのポイントをいくつかおさえておきましょう。

内定承諾書の書き方

内定承諾とは、内定承諾書という書面を提出することで完了するケースがほとんどです。（一部WEB承諾など新しい提出方式も出てきている）内定承諾書には署名捺印する箇所があるので、記入漏れや捺印漏れなど無いように細かく確認をする必要があります。

内定承諾書の提出

内定承諾書に署名捺印をしたのち企業宛に郵送をします。その際の送付先住所、宛名、担当者名を間違いなく記載して送るようにしましょう。また、送付数日後に企業の担当者へ連絡をして到着確認をすると確実です。

内定承諾書の効力とは

内定承諾書自体に法的な効力は全くありません。極端な話、内定承諾書を提出しても内定を辞退することは可能です。ただし、内定承諾書とは学生が入社の意思表示をするための重要な約束事のため、基本的には提出したらその企業に入社を確定させたと考えるべきです。

提出後に内定辞退をすることは企業にとって、とても迷惑な行為です。迷っているなら、内定承諾書の提出期限を延ばしてもらうよう企業側に掛け合う事も可能です。企業側にも採用人数目標というものがあるので、なかなか取り合ってくれる企業は少ないでしょう。

まとめ

内定承諾書は企業側に入社を約束する重要な書類です。提出する前にしっかりと考えをまとめ、入社を確定させて企業に提出しましょう。

3

3-9 内定式

多くの企業は、内定を獲得した学生を一同に集める「内定式」を開催します。企業によって開催時期は異なりますが、一般的には10月最初の営業日に実施する事が多いです。ここで注意すべき点は、学生のノリで会に参加しない事です。参加する際の注意点を記載します。

注意ポイント

① 選考中と同じ緊張感をもって臨む。

※内定式は選考ではないが、企業側はそれなりの役職者が参加することが多い。選考時とかけ離れた立ち振る舞いをしていると印象が悪くなることは言うまでもない。

② きちんとした身だしなみ、服装で臨む。

③ 飲食を伴う会の場合、過度な飲酒で酔わない。

※飲食を楽しむ事は大切だが、酔い過ぎて寝たり暴れたりとなってしまっては元も子もない。お酒の苦手な学生は摂取量を注意する必要がある。お酒の摂取を断っても問題はない。

④ 最低限のテーブルマナーを理解して臨む。

※学生に完璧なマナーを求めることはないが、最低限のマナーは勉強していくことをおすすめする。せっかく入社を獲得したのに、企業側がガッカリするような行動は無いほうが良い。

まとめ

内定式はよほどの事情がない限り参加しましょう。同期との最初の顔合わせの場所でもあり、企業の役職者と接触する事は入社前にとても大切な事です。内定式の立ち振る舞いをチェックしながら入社後の配属先などを決めるような企業もあるので、適度な緊張感をもって臨むと良いでしょう。

3-10 入社

ここまでの工程を踏んで入社となります。就職活動が終了し、社会人のスタートということです。入社当日の注意点を確認しましょう。

注意ポイント

①入社日を間違えないよう確認。

②入社当日の出社場所、時間、服装、持ち物を確認。

※会社に出社する企業と、入社式から参加させる企業と、入社当日の動きは企業ごとに異なる。

まとめ

事前準備がここでも重要になります。学生とは違い、社会人は1から10まで誰かがチェックしてくれる事はありません。配布物や連絡事項を理解し、忘れないようにメモをしておくことや、スケジュール管理をする手帳を準備するなど、漏れのないように心がける事が重要です。

4章

企業選びのフレームワーク

4-1 職種から考える

就職活動で最も重要なのが、自分の人生観に合う企業に入社することができるかどうかです。その点で一番影響度が高いのが職種です。職種によって働き方、給与、ストレス具合、求められる能力などが大きく変わってきます。自分の人生観に合わない職種では、有名な会社に入っても大きな会社に入っても、結局は辞めてしまうことになることが多いです。就職活動とは、内定がゴールではなく、入社してからが重要なのです。

	営業職	サービス職	事務職
仕事のタイプ	攻め	受け	守り
給与	高め	普通	低め
稼働時間	長め ※お客様に合わせる	8時間 ※繁忙期は長い	8時間 ※繁忙期は長い
必要能力	成果力	対応力	処理力
休日	法人営業：土日祝 個人営業：シフト制	シフト制	土日祝

営業職とは

簡単に言うと、モノを販売する販売員です。営業職の特徴は、有形無形に関わらず、モノをこちらから顧客に販売しに行く、「攻めの販売員」というとイメージしやすいでしょう。コンサルティング営業、不動産営業、証券マンなどが営業職といえます。また、営業職の中にも3つに分類され、それぞれでタイプによって内容が異なります。

① 直販営業：飛び込み営業や電話営業などの新規営業
② 反響営業：広告宣伝で顧客を呼び込み、問い合わせてきた顧客に営業を行う
③ ルート営業：すでに取引のある顧客に対して定期的にモノを販売する

直販営業

①の営業職はスキルとポテンシャルの高さが要求されます。ターゲットにしている顧客は、販売しようとしている商品に対して興味を持っていないケースがほとんどだからです。興味のない顧客に対して、様々な角度からメリットを提案し、顧客の信頼を一つずつ積み重ねていき、契約に結び付けます。難しい反面、契約を獲った際の充実感と顧客との関係性の高さは他の職種では味わう事のできないものがあります。

反響営業

②の営業職は①に比べると取り組みやすい職種です。販売する商品に対して会社が広告宣伝をかけ、それに興味を持った顧客が問い合わせをしてきます。その顧客に対して営業をかけていくスタイルです。興味を持っているのだから販売は簡単かと思われがちですが、似たような商品を持っている他社との検討段階の顧客が多いため、ここでも顧客との信頼関係を構築する必要があります。また、広告宣伝費の大きさにもよりますが、多くの顧客を対応することになるため、効率の良さが重要になってきます。

ルート営業

③の営業職は既存顧客（すでに契約実績のある顧客）に定期的に販売するものです。BtoB（企業対企業）に多い手法ですが、この営業は世話好きの方に向いているでしょう。定期的にモノを購入してくれる安定感はありますが、顧客との関係性を継続する事にも様々な工夫が必要となります。顧客との関係性が近いからこそ、問題点や改善点を見つける事が出来るという人が合っているでしょう。

	直販営業	反響営業	ルート営業
顧客	新規	新規	既存
手法	飛び込み、テレアポ	広告宣伝	定期訪問
ストレス	高	普通	普通

サービス職とは

営業職との大きな違いは、「待ちの販売員」であることです。ショップ店員、ホテルマンなどを想像するとイメージがわきやすいでしょう。顧客がモノやサービスを求めてアクションを起こし、それに対してサービスを提供するのが役割です。誰かの役に立ちたい、サポートをしたいと考える人に合う仕事です。

サービス職の中にもタイプが分かれます。

フランクなサービス職

飲食店舗やアパレル店舗での接客がこれにあたります。店舗の作り方にもよりますが、あまり堅い接客をすると顧客が萎縮してしまい、購買につながりづらくなります。注文しやすい、質問しやすい雰囲気作りが大切なサービス職と言えます。

高貴なサービス職

ホテルやブライダルでの接客がこれにあたります。飲食店舗やアパレル店舗との大きな違いは、取り扱っているサービスが有形商品か無形商品かという部分です。飲食店舗では食事、アパレル店舗では洋服といった有形商品に対して、ホテルの宿泊は自宅で味わえない優越感=“気持ち”、ブライダルでは人生一度の結婚式という“思い出”といった無形商品をサービスとして提供します。顧客は“モノ”ではなく、“サービス”に価値を感じ、お金を支払うため、サービスのレベルを上げる必要があります。

事務職とは

業務の範囲が広いのですが、企業の中では「守り」の仕事です。総務、経理、営業サポートなど、営業職やサービス職が獲得してきた売上を管理するポジションにあります。お金や重要書類を扱う仕事でもあるため、細かい性格の人に合っている仕事です。また、膨大な量の処理を求めらるケースが多いため、もくもくと物事を進めていく事が得意な人にもあっています。

事務職の中にもいくつか選択すべき職種・方向性があります。

総務

社内の備品管理、社内規定の作成、契約書作成や保管など、事務職の中でも多種多様な業務があるポジションです。事務職のなんでも屋とも言えます。

経理

給与計算、入出金管理、経費処理など、お金に関するポジションです。学生時代の専攻科目が商業系の人が就くことが多いです。

人事

採用業務、研修関連、入社退社手続きなど、社内の人材に関わるポジションです。キャリアコンサルティングの資格保有者や、人間観察が得意な人に向いています。

システム

PC管理、ネットワーク管理、メール管理、通信管理など、コンピュータ系に関わるポジションです。パソコン操作が好き・得意な人、最近ではSNS操作が得意な人などが重宝される傾向にあります。

まとめ

職種によって働く環境が違う事が理解できたと思います。学生に志望の職種は？と尋ねると、「営業職か事務職を考えています」と答えが返ってくる場面がありますが、上記の内容を理解していればありえない回答といえるでしょう。全く真逆の職種を検討しているという事は、おそらく自己分析ができておらず、選考の土台にすら立てていない、という厳しい判断を下されてしまうことになりかねません。

4-2 勤務地から考える

次に大きな影響を及ぼすのが勤務地です。ここも自分の大切にする人生観で考えると良いでしょう。どこを仕事の拠点にするかで得られるものは大きく変わります。環境は人生を大きく変える重要なポイントです。

	都心	海外	地元
優先順位	ビジネス経験	海外経験	家族や地元の友人
将来設計	キャリアを積みたい	外資系でバリバリ	地元でのんびり

都心での社会人生活

都心はビジネスのスピードが速いです。また、流行りや新しいものが出てくるのも都心のケースが多いです。ビジネススキルを上げたいのであれば、やはり都心に身を置くことが最短距離ではないかと思われます。IT分野の発展によってその考え方にも変化が出てきていますが、企業の本社が多いのはやはり都心です。今もまだ都心に情報が集まってきているという状況に変わりはありません。

海外での社会人生活

グローバル人材として活躍したいのであれば海外就職は多いに賛成です。また、外資系の企業にチャレンジするのも、スキルを上げるにはうってつけの環境となるでしょう。日本国内にも多くの外資系企業や外国籍の方が来日しているように、これから他国とのやり取りは必須項目になってきます。日本語以外の言語を習得するだけでも、今後のビジネス市場で戦っていくには有利になるでしょう。

地元での社会人生活

本章でも何度か述べていますが、就職活動で一番重要なのは自分の人生観に合った企業に就職できるかどうかです。地元が好きだ、家族の近くにいたい、友達が近いほうが良い、このような理由で地元就職を希望することは、とても良い事です。仕事とは、自分の人生を良くするためのツールであるべきです。地元に帰りたい人は地元での就職活動に集中すると良いでしょう。

迷った時の考え方

一度都心で就職をして経験を積み、経験と知識を持って地元に戻る、という流れも良いと考えます。中央集権型になっている日本は、地方創生を推奨して色々な取り組みを行っていますが、今地方に必要なのは“できる”人材です。ビジネスの進んでいる都心での経験を地元に“持ち帰る”ことが重要です。

まとめ

環境によって人生の方向性は大きく変わります。就職先を探す上で、勤務地も重要な項目の一つなので検討材料の中に入れると良いでしょう。

4-3 企業規模で考える

企業の規模によっても働く環境は大きく異なります。大企業、中小企業、ベンチャー企業、それぞれの特徴を抑えておくことが重要です。企業規模をどの基準で判断するかですが、就職活動という観点からみるのであれば、従業員数100人以上が大企業、100人以下が中小企業という考え方で良いでしょう。ベンチャー企業については、新しい事業にチャレンジングに取り組んでいる企業と想定すれば良いです。

	大企業	中小企業	ベンチャー企業
働き方	しっかりとした制度や環境	アットホームな環境	新しいものへのチャレンジ
仕事のスケール	大きなプロジェクト	求められたものをしっかりと	自分次第で大きくも小さくも
出世	年功序列 (順を追って少しずつ)	出世という環境が薄い	実力主義 (自分次第で即出世)
給与	平均以上	平均	自分次第

大企業

大企業の良い点は、やはり体制や制度がしっかりしているところです。社員研修や福利厚生など、社員満足度を高めるための費用のかけ方は尋常ではありません。20代でいきなり大金を、というわけにはいきませんが、給与面においても毎年着実に上がっていく年功序列制度は良い部分も大きいといえます。組織の中で着実に力をつけていきたいタイプの人に合う環境です。

大企業とは

中小企業基本法という法律があり、法律の中で大企業と中小企業の定義は決められていますが、就職活動での捉え方としては従業員100名以上を大企業と考えて良いでしょう。

理由として、100名を超えたあたりから専門の人事部が設置される企業が多いからです。100名未満の場合は人事部の仕事を兼務するというケースが多いです。専門の人事部があるのとないとでは、人材育成の精度に大きな開きが出てきます。新卒採用者としては、研修制度は気にすべき大きな点だと考えます。

5 章

面接から採用への準備

5-1 良い人材とは

そもそも企業が考える良い人材とはどんな人材なのでしょうか。社会人を経験したことのない学生に対して、良いも悪いも判断材料がないのが正直なところですが、「興味のある人材、気になる人材」を企業側は探しています。これが俗にいう企業にとっての良い人材であると考えます。では、企業から探される人材になるために何が重要なのか、いくつか解説していきます。

会社は社員に何を求めているのか

①会社の方針に従って会社の目的達成のために遂行してほしい
②組織の一員として与えられた役割を全うしてほしい

大きくはこの2点につきます。もちろん、楽しく仕事してほしい、成長してほしいなどの個人的な感情はあるにせよ、会社が求めているのは会社のために成果を上げてほしいという事です。それに対して、給与という対価が支払われます。

企業はそれぞれ考え方が違う

企業の方針や目的は、人間一人一人の考え方や生き方が違うように異なります。
世の中には多くの会社が存在します。そして、多くの会社はそれぞれのタイプをもっています。元気な会社、おとなしい会社、真面目な会社、ヤンチャな会社などです。

会社が欲しい人材

会社が欲しい人材は、会社の目的を達成するため、会社の方針に賛同できる考え方の似た者です。

＜結論＞

会社が求めている人材とは、会社の方針に賛同できる似た者であり、それは企業のタイプによって異なります。よって、良い人材とは会社ごとに異なるという事です。

元気な会社	→	元気な社員が良い社員
おとなしい会社	→	おとなしい社員が良い社員
真面目な会社	→	真面目な社員が良い社員
ヤンチャな会社	→	ヤンチャな社員が良い社員

＜学生が考えるべき事＞

自分のタイプを全面に押し出すことが重要です。学生が思う良い人材（積極性のある学生、頭の良い学生、経験豊富な学生など）は、Ａ社にとって良い人材かもしれませんが、Ｂ社にとって良い人材ではありません。あなた自身のタイプが、どこかの企業にとっては良い人材であり、良く見られようと演じることには何の意味もありません。

【ポイント】分かりやすい例え

就職活動は、恋愛と同じです。内定を取得して就職をするという行為は、自分と気の合う企業と付き合う、大げさに言うと結婚するということです。

可愛い格好良いと思っていたのにいざ付き合ってみたら性格が悪かった、という経験はありませんか？

内定を取るためによく見られよう、とりあえず内定を取ろう、という気持ちで入社をすると入社後に痛い目にあうケースが多いです。

ですから、企業側も選考者側も、自分を理解してもらうことに注力し、相手を見定めることが重要です。

5

5-2 学生の心得

ルールを守る

時間を守る、期限を守る、清潔な身なり、など人としてのマナー・ルールを守りましょう。個性を出すことは重要ですが、個性は最低限のルールを守った上で出しましょう。

学生と企業の立場は対等

就職活動において、学生と企業のパワーバランスは対等だと考えましょう。学生は採用される側だから、といってへりくだる必要はありません。企業側にとっても会社の次世代を担う貴重な人材なのです。だからといって、上から目線である必要もありません。採用される側、採用する側、両者にとって貴重な機会である就職活動とは、常に対等な立場なので、お互いに敬意を表しながら事に臨むと良いです。

会社は希望する人生を叶えるためのツール

学生を卒業すると会社に就職するのが決まり事のような風潮がありますが、そんなことは全くありません。その思考が就職活動の妨げになっていると考えられます。自分の人生の目的を叶えるためには会社に就職することが最善の方法なのだ、という考え方で就職活動をすることをおすすめします。良い会社、入社すべき会社とは、自分の人生を軸にして選ぶのが本来のあるべき姿でしょう。多くの学生が、就職活動というイベントに振り回されています。もっと自己中心的に考えても大丈夫です。

自己分析の重要性

就職活動は自己分析ができていないと始まりません。本書で紹介している人生設計プランなどを活用するとキャリア設計の全体像を把握でき、入社すべき、目指すべき企業群が見えてきます。就職活動の中心にいるのは企業ではなく自分自身なのです。

5-3 エントリーシートの書き方

エントリーシートは、選考に進む最初のアクションです。以下の項目に注意すると良いでしょう。

基本

- 誤字脱字がないように注意する。
- 氏名、住所などのフリガナが付いている箇所はフリガナも記載する。
- メールアドレスは学校指定のアドレスで良い。
  ※個人のフリーアドレスでも良いが、顔文字のような作りになっているアドレスは避けるべき
- 学校名やアルバイト先等は、略称ではなく正式名称で記載する。
- 電話番号はつながる番号を記載（選考の合否が電話でくることもある）。

【作り方のポイント】

① 手書きの場合は丁寧な字で書く（今自分が書ける一番綺麗な字で書く）。

② 記載枠内90%以上（5行あれば5行目に入る）は書くようにする。文字制限がある場合は制限の90%以上は書くようにする。

③ 写真を丁寧に貼る（斜めになったり枠をはみ出したりしないように）。

【書く内容のポイント】

① お題（自分の強みは？　学生時代に力を入れたことは？など）がいくつか設定されるが、可能な限り異なる内容を書くようにする。

※部活動生が全てのお題に対して部活のことを書くことはあまり好ましくない。

② 大きなことを書こうとしない。アルバイトのこと、部活のこと、勉学のこと、プライベートのこと、など、自分らしさが出る内容を書くことを意識しよう。

③ 家族や友人にアドバイスを求めることも重要。自分では気づいていない自分の良さを周りの人が感じていることは多い。

【書き方のポイント】

① 採用担当者が見やすいように、重要ポイントにカギかっこをつけたり、振るべき部分に句読点を振ったりする。

※過度な使用は逆に見づらくなるため全体のバランスを考えながら調整する。

② 書く文体は、「ですます調」「である調」どちらでも問題はないが、どちらかの文体に統一する。

③ 手書きの場合は黒のボールペンで書く。鉛筆やシャープペンシル、色付きペンで書くことはNGである。

【仕上げのポイント】

書き終えたエントリーシートは、提出前に必ず第三者に確認をしてもらいましょう。自分自身では気づかない誤字脱字や言い回しの間違いを見つけるのに効果的です。

番外編　プラスアルファの工夫

エントリーシートを普通に提出しても書類選考が通過しづらい場合があります。それはどのような場合か、その状態で書類選考を通過させるためにはどのようなことが必要か、ケースごとに説明していきます。

【ポイント】自身の出身校の社員がいるかどうか

現代の日本社会では、いまだに学歴採用というものが少なからず存在します。このような社会環境の中、採用した事のない学校から採用する事に抵抗がある企業があります。

【理由】

ほとんどの企業は人材採用を人事部で実施します。そして、人事部の評価は会社が求めている人材をどれだけ採用できるかという一点です。もちろんどの学校卒業であっても、対個人とのやりとりであって、個人と合うか合わないかということにはなりますが、書類選考で通過の有無を決定させる際は採用したことのある学校が優先されます。採用したことのない学校から採用をして、仮に短期間で退職したり全く活躍しなかったりした場合、責められるのは人事部だからです。

OBがいない場合の書類選考

OBがいない場合、どのようにして書類選考を通過させれば良いのか、それはエントリーシートにもう1アイテムを追加して提出することです。例をいくつか出してみます。

コンサルティング会社を志望の場合

好きな企業、知っている企業を1社ピックアップして、実際にコンサルティング担当者になったつもりで、企業分析からどのような経営対策をすれば経営が良くなるのかをレポートにまとめます。

5

ゲーム会社を志望の場合

ゲーム制作技術があれば実際に制作したゲームを提出（WEBゲームの場合はアプリやサイト情報など記載したものを提出）。制作技術が無ければ、ゲーム制作の簡単な仕様書などを作成してみます。

【注意点】

つまり、実際に入社したことを仮定して、入社後に行うだろう業務を形にしたものを追加添付するということです。

ただし、追加する資料の精度が悪いと逆効果になる場合があります。追加資料を添付する場合は、就職課の担当者や同業界で仕事をしている知人などの意見を聞きながら進めていくと良いです。

まとめ

企業はエントリーシートに目を通して1次面接に臨みます。エントリーシートによって、学生像をイメージしますので、基本に忠実かつアピールしたい箇所を目立たせるような書き方を意識しながら作成しましょう。

5-4 面接のポイント

採用試験でほぼ必須の試験項目が面接です。

また、選考企業によって面接回数が異なりますが、3回が平均的です。ここでは3回の場合の面接の受け方、心構えについて解説します。

なお、面接が1回の企業もあれば10回近く実施する企業もあります。そのため企業ごとに選考内容を確認する必要があります。

面接回数	1次面接	2次面接	最終面接
面接官	人事担当者	人事責任者 現場責任者	役員 社長
企業の目的	学生の人間性チェック	会社に適した人材であるかのチェック	最終チェックと想いの確認
学生の心構え	自分のことを企業に100%理解してもらう	企業に入社したイメージを湧かせる	入社の意気込みを伝える
学生の準備	・自己PRの掘り下げ ・エントリーシート再確認	・企業研究 ・OBOG訪問	企業に対する想いの最終確認

1次面接

企業にとっての1次面接とは、学生の本当の姿を確認することに重きをおいた面接です。この面接では、自分自身のことをしっかりと理解してもらうことに集中することが重要です。

【ポイント】

① 自分を良く見せようとする必要はない

理由 面接官は本心なのか偽りなのかを察知する能力があります。

② 企業に本当の自分を理解してもらうことに重きをおく

理由 偽の自分で選考を通過したとしても、入社後のミスマッチにつながります。

③ 面接練習は面接のルールや服装・礼儀に重きをおいて行う

理由 礼儀礼節を理解していない学生の話は面接官に伝わりません。

④ 企業説明会で聞けなかったことをここで聞く

理由 2次面接以降はより実践的な面接になるため、企業の事を質問している機会が少なくなってきます。ほとんどの面接で「質問はありますか？」と聞かれるので、そのチャンスを逃さない事です。

2次面接

この面接は、会社の戦力になる人材なのかどうかを見極める要素が含まれます。学生は選考企業に入社したイメージを持ちながら話を進めなければ、企業側との会話に距離感が出てきます。企業の事を理解した上で面接に臨む必要があります。

【ポイント】

① 入社のイメージを持つ

理由 給与はいくらなのか、残業はどのくらいあるのか、全国転勤があるのか、など、具体的な内容の話になります。この面接で学生の意識が採用条件をクリアしているのかの確認が入ることが多いです。

② 企業の事を細かく理解しておく

理由 本当に入社したい会社であれば、細かい部分まで知っているはずだと企業側は思いながら面接をしてくるからです。

③OBOG訪問を可能な限り実施する

理由 ホームページや会社説明会だけで全てを理解することは難しいといえます。実際に仕事をしている先輩の話を聞くことで、より企業の理解が深まることになります。

最終面接

この面接は、名前の通り採用・不採用を決めるための最後の面接となります。最終面接に進めているということは、人間性及び会社の適正はクリアしていることになるので、入社の想いが強いことをアピールすることが重要です。

【ポイント】

① 緊張しすぎない

理由　最終面接の面接官は会社の上役になるため緊張すると思いますが、過度な緊張によってアピールできないことは本末転倒です。

② 想いを伝える

理由　ここまでくると、最後は気持ちが強い学生が内定獲得に近づくことは言うまでもありません。綺麗にまとめるよりも、気持ちを前面に出して面接に向かうと良いでしょう。

③ 本当に行きたい会社なのかを整理しておく

理由　最終面接では、その場で内定の結果を告知されることも少なくありません。その際に企業側から志望度を聞かれることがあります。

最終面接の場で内定通知をされた場合、第一志望の企業であればその場で内定を受ければ良いのですが、他にも検討している企業がある場合には、選考状況を聞かれることがあります。その場合、選考状況を伝えることで、目の前の企業の選考結果が覆ることはありませんが、内定承諾の返事を急かされる可能性は高いでしょう。採用の駆け引きがここから始まるため、どのように対処するべきかを事前に考えておく必要があります。

まとめ

面接のステージに応じてアピールポイントや準備することを理解しておくと、より企業側が求めているコミュニケーションをとることができます。面接は「採用“試験”」ですが、大前提として企業と学生とのコミュニケーションの場でもあるため、限られた時間の中で濃い空間を作ることが大切です。

5-5 個別面接と集団面接

個別面接と集団面接を紹介します。それぞれの違いを理解しながらその場にあった立ち振る舞いをしましょう。

5

個別面接

圧迫面接（緊張感有り）とフランク面接（緩い雰囲気）にわかれます。

圧迫面接の場合

面接官の狙い ストレス体質に強いか、粘りがあるか、地頭測定

選考者の対応 面接官は頭に汗をかくような質問をしてきます。それに対して諦めずに答えることが重要です。難しいお題や質問に対して、「わかりません」と簡単に回答するのではなく、その場で可能な限りの頭を回転させ自分の考えを返答するようにしましょう。

フランク面接の場合

面接官の狙い 本性を知りたい、選考者の緊張をほぐしたい

選考者の対応 雰囲気に合わせて緊張をほぐして良いです。ただし、緊張をほぐしながらも集中力を切らさないことがポイントです。その場の雰囲気に合わせて姿勢が悪くなったり、目線があちらこちらにいってしまったりしては本末転倒です。

集団面接

企業が集団面接をする理由は、複数人を同時に面接することによる時間の短縮です。逆に言えば、発言時間に制限が出るため、限られた時間で自分をアピールすることを考えなければなりません。

【ポイント】結論から話す

結論から話をするようにしましょう。

ダラダラと長話をせずにポイントを押さえた話をしましょう。

【事前準備】

集団面接の練習をしておく必要があります。

話のポイントを押さえて話をするということは一朝一夕にはできません。また、集団面接は他の面接者も隣にいるため、緊張感も増します。集団面接という雰囲気を理解するためにも事前の模擬練習をすることをおすすめします。

まとめ

個別面接は面接官との1対1の真剣勝負、集団面接は時間制限ありの自分プレゼンの場、というそれぞれの特徴を押さえながら対策を打ちましょう。

5-6 グループディスカッション

ここではグループディスカッションの押さえておくべきポイントを紹介します。

グループディスカッションとは

複数の選考者が集まり、提示されたお題に対して制限時間内に一つの答えを導き出す選考方法です。

企業は何を見てる？

グループディスカッションに参加する選考者は基本的に初対面になります。そこで、その場の雰囲気やメンバーの特徴などを一瞬で察知し、お題を解くために自分がどの役割をすべきかの判断ができるかどうかを見ています。

これは社会に出ると多く訪れる場面です。新しい取引先との打ち合わせ、新規営業など、瞬時にその場を察知しなければいけないことがありますので、その潜在能力がどのくらいあるのかを見ています。

選ぶべき役割は？

会を進行する人、議事録を取る人、黒板に板書する人、意見を出す人など、答えを導き出すためには全て必要な役割です。

自分の特徴とその場の雰囲気を見たときに、どの役割が一番力を発揮できるかという点で役割を判断すると良いです。

最も目立つ進行役が面接の得点が高いと考えている選考者もいますが、それは間違いです。仕切り役が不得意であるにもかかわらず、その役割を自分から選択し、進行がうまくいかないと、それはマイナス評価になります。

必ず事前準備を

事前に必ず模擬グループディスカッションを経験しておきましょう。学生時代に形式的なディスカッションを経験している学生は少ないです。

試験という形でのディスカッションは思っている以上に緊張します。周りの知人を4〜5人集めて真剣にディスカッションするだけでも意味はありますので、一度は事前に経験するようにしましょう。

まとめ

グループディスカッションの目的は、集まったメンバーでお題に対する答えを導き出すことです。答えを導き出すために「自分は何をすべきか」ということを考えてその役割に徹することが正しい選考スタイルとなります。

6章

データを踏まえた業界研究とビジネス施策

6-1 業界研究やビジネスに役立つデータ

データと就職活動

どの業界で、どのような職務、職種で働くのか考える際に、当然その業界の現状を知る必要があるでしょう。

これは就職活動において「業界研究」と呼ばれます。業界研究を進めるにあたり、その根拠となるのが「データ」です。

データからは業界の規模、特徴、変遷、発展する可能性が読み取れます。

あの業界は景気が良い、この業界は勢いがある、といった漠然とした自分の勘だけでなく、現実の数値、データに基づいて現状を知ることで危険が少なく、冷静で正しい判断ができます。

データを上下左右から注意深く見て、どの業界で自分が活躍できるのか、この業界で活躍するにはどうすればいいのかを考えることが、そのまま自分のキャリア形成を考えることになります。

データをビジネスで活かすには

データを注意深く見ることはビジネスを行う際にも同様に重要です。ビジネス施策の根拠となるのがやはりデータなのです。

現実であり客観的なデータを活用することで危険を減らし、課題を「見える化」することができ、効率的なビジネスが可能となります。

そもそも顧客が居ない地域でビジネスを行っても成果は上がりませんし、需要がないビジネスを行っても形になりません。このようにならないためにもデータを踏まえる必要があるのです。

また、すでにライバル社の先行事例があれば、それらのデータを調べておくことも有効でしょう。

結果から何を導き出し評価するか

データを見ると実数、結果は分かります。

その後、大切なのは実数による結果から何を導き出し、どのように評価するかです。

その際、導き出し方や、評価の「尺度」によって読み取る内容は異なります。尺度を変えてデータを比較することで評価は変わるのです。

さらに評価は一つよりも複数ある方が総合的な知見が得られるでしょう。いずれにせよデータから、良いか悪いか、可能性が有るのか無いのか、課題は何かを読み取ることが業界研究やビジネスに直結します。

6-2 尺度を基にデータを評価する

ここでは業界研究やビジネスを行うにあたり、必要なデータの例を紹介します。

各データではデータを評価するのに必要な尺度の例を挙げています。これらの「尺度」を基にして、データごとに、その分野、業界の特徴、変遷、今後の展望について考えてみましょう。

それがあなたのキャリアやビジネス施策に生かせるトレーニングの場となります。

データ例1　**世界人口の推移・推計**

年次	推計人口（億人）	人口増加率（%、年平均）
1990年	53.3	1.81
2000年	61.4	1.35
2010年	69.6	1.25
2020年	78.0	1.10
2030年	85.5	0.87
2040年	92.0	0.69
2050年	97.4	0.53
2060年	101.5	0.39

人口統計資料集（国立社会保障・人口問題研究所）

［尺度］　大陸別人口、大陸別増加率、死亡者数、死亡率

データ例2 世界人口国別の推移・推計

（単位：千人）

	1950年	1980年	2020年	2050年	2100年
ケニア	6,077	16,417	53,771	91,575	125,424
タンザニア	7,650	18,538	59,734	129,387	285,652
カメルーン	4,307	8,621	26,546	50,573	90,225
コンゴ	12,184	26,359	89,561	194,489	362,031
南アフリカ	13,628	28,557	59,309	75,518	79,191
ナイジェリア	37,860	73,424	206,140	401,315	732,942
エジプト	20,452	43,309	102,334	159,957	224,735
モロッコ	8,986	19,990	36,911	46,166	44,708
イラク	5,719	13,653	40,222	70,940	107,711
サウジアラビア	3,121	9,691	34,814	44,562	42,231
トルコ	21,408	43,976	84,339	97,140	86,170
ウズベキスタン	6,264	15,899	33,469	42,942	42,271
アフガニスタン	7,752	13,357	38,928	64,683	74,938
バングラデシュ	37,895	79,639	164,689	192,568	151,393
インド	376,325	698,953	1,380,004	1,639,176	1,450,421
イラン	17,119	38,650	83,993	103,098	98,588
ネパール	8,483	15,016	29,137	35,324	23,708
パキスタン	37,542	78,054	220,892	338,013	403,103
スリランカ	7,971	15,036	21,413	21,814	15,275
中国	554,419	1,000,089	1,439,324	1,402,405	1,064,993
台湾	7,602	17,905	23,817	22,413	16,259
北朝鮮	10,549	17,472	25,779	26,562	22,793
日本	82,802	117,817	126,476	105,804	74,959
韓国	19,211	38,046	51,269	46,830	29,542
インドネシア	69,543	147,448	273,524	330,905	320,782
マレーシア	6,110	13,798	32,366	40,550	40,078
ミャンマー	17,780	34,224	54,410	62,253	55,299
フィリピン	18,580	47,358	109,581	144,488	146,327
タイ	20,710	47,374	69,800	65,940	46,016
ベトナム	24,810	54,282	97,339	109,605	97,437
メキシコ	27,945	67,761	128,933	155,151	141,510
アルゼンチン	17,038	27,897	45,196	54,867	56,802
ブラジル	53,975	120,694	212,559	228,980	180,683
ロシア	102,799	138,053	145,934	135,824	126,143
ウクライナ	37,298	49,966	43,734	35,219	24,413
イギリス	50,616	56,209	67,886	74,082	78,053
イタリア	46,599	56,349	60,462	54,382	39,993
スペイン	28,070	37,698	46,755	43,637	33,210
フランス	41,834	53,868	65,274	67,587	65,498
ドイツ	69,966	78,283	83,784	80,104	74,741
カナダ	13,733	24,417	37,742	45,669	56,953
アメリカ	158,804	229,476	331,003	379,419	433,854

人口統計資料集（国立社会保障・人口問題研究所）

[尺度] 増加率、比率 (日本を1.0として算出)、国内総生産

データ例3 都道府県別人口推計東日本

(単位：千人)

	2015年	2020年	2025年	2030年	2035年	2040年	2045年
全国	127,095	125,325	122,544	119,125	115,216	110,919	106,421
北海道	5,382	5,217	5,017	4,792	4,546	4,280	4,005
青森県	1,308	1,236	1,157	1,076	994	909	824
岩手県	1,280	1,224	1,162	1,096	1,029	958	885
宮城県	2,334	2,296	2,227	2,144	2,046	1,933	1,809
秋田県	1,023	956	885	814	744	673	602
山形県	1,124	1,072	1,016	957	897	834	768
福島県	1,914	1,828	1,733	1,635	1,534	1,426	1,315
茨城県	2,917	2,845	2,750	2,638	2,512	2,376	2,236
栃木県	1,974	1,930	1,873	1,806	1,730	1,647	1,561
群馬県	1,973	1,926	1,866	1,796	1,720	1,638	1,553
埼玉県	7,267	7,273	7,203	7,076	6,909	6,721	6,525
千葉県	6,223	6,205	6,118	5,986	5,823	5,646	5,463
東京都	13,515	13,733	13,846	13,883	13,852	13,759	13,607
神奈川県	9,126	9,141	9,070	8,933	8,751	8,541	8,313

日本の地域別将来推計人口 (国立社会保障・人口問題研究所)

[尺度] 面積、人口密度、増加率、比率 (某県を1.0として算出)

データ例4 市区町村、人口増減率（2019年）

順位（増減数順位）	市区町村名（都道府県名）	人口	増減率	増加数
1（321）	占冠村（北海道）	1,508	4.00	58
2（354）	知夫村（島根県）	638	3.91	24
3（34）	千代田区（東京都）	63,635	3.86	2,366
4（4）	中央区（東京都）	162,502	3.62	5,679
5（354）	渡嘉敷村（沖縄県）	725	3.42	24
6（361）	北大東村（沖縄県）	591	3.32	19
7（14）	大阪市北区（大阪府）	127,346	3.19	3,938
8（32）	名古屋市中区（愛知県）	86,653	2.98	2,505
9（7）	流山市（千葉県）	190,534	2.74	5,074
10（58）	福津市（福岡県）	64,729	2.62	1,650

日経BP総研（2019年、公表データ）

［尺度］ 面積、人口密度、昼夜間人口比率、市区町村の予算額、政令指定都市の同種データ

データ例5 外国人訪日客数

2000年

1	韓国	1,064,390
2	台湾	912,814
3	米国	725,954
4	中国	351,788
5	香港	243,149
計		4,757,146

2019年

1	中国	8,133,209
2	韓国	5,131,596
3	台湾	4,150,231
4	香港	1,841,448
5	米国	1,430,370
計		26,914,347

日本の観光統計データ（日本政府観光局）

［尺度］ 割合、増加率、ビザ種別（観光、ビジネス、その他）、国の観光予算額

データ例6 外国人訪日客都道府県別訪問率

2011年 （単位：%）

1	東京都	51
2	大阪府	25
3	京都府	17
4	神奈川県	12
5	福岡県	10

2018年

1	東京都	46
2	大阪府	37
3	千葉県	36
4	京都府	26
5	福岡県	10

日本の観光統計データ（日本政府観光局）

［尺度］ 割合、増加率、都道府県の観光予算額

データ例7 日本企業の海外進出数

() 内は2015年の国別順位

	国名	2019年現地法人数	2015年現地法人数	純増数
1	中国	6,879	6,729（1）	150
2	アメリカ	4,044	3,592（2）	452
3	タイ	2,578	2,184（3）	394
4	シンガポール	1,477	1,249（5）	228
5	インドネシア	1,338	1,076（6）	262
6	香港	1,311	1,290（4）	21
7	ベトナム	1,161	806（11）	355
8	台湾	1,136	1,045（7）	91
9	マレーシア	1,016	901（9）	115
10	イギリス	975	873（10）	102

東洋経済新報社データ事務局公表資料（2019年7月）

［尺度］ 増加率、経営規模別進出数、業種別進出数、撤退数、撤退率

データ例8 JR東日本・鉄道駅乗客数

2018年 (単位：1日平均)

	駅名	定期外	定期	合計
1	新宿	372,401	416,965	789,366
2	池袋	240,260	326,734	566,994
3	東京	224,973	242,191	467,165
4	横浜	164,975	258,675	423,651
5	品川	163,942	219,499	383,442
6	渋谷	178,045	192,810	370,856
7	新橋	106,621	175,350	281,971
8	大宮	100,395	157,713	258,108
9	秋葉原	134,724	117,543	252,267
10	北千住	59,277	161,626	220,903

2000年

	駅名	合計
1	新宿	753,791
2	池袋	570,255
3	渋谷	428,165
4	横浜	385,023
5	東京	372,611
6	品川	253,575
7	新橋	230,393
8	大宮	228,219
9	高田馬場	211,761
10	上野	189,388

東日本旅客鉄道株式会社HP（2000年データには定期、定期外の記録なし）

［尺度］ 増加率、駅周辺の人口、駅周辺の昼夜間人口比率、ライバルとなる鉄道の同種データ、乗入れ線の有無

データ例9 西武池袋線・鉄道駅乗降客数（2018年度）

（単位：1日平均）

	駅名	合計
1	池袋	490,259
2	練馬	132,938
3	大泉学園	88,104
4	石神井公園	82,558
5	秋津	81,556

西武鉄道株式会社HP

［尺度］ 駅周辺の人口、駅周辺の昼夜間人口比率、ライバルとなる鉄道の同種データ、乗入れ線の有無

データ例10 サッカーJリーグ、J1チーム別営業収益

2018年度 （単位：億円）

1	ヴィッセル神戸	96.7
2	浦和レッズ	75.5
3	鹿島アントラーズ	73.3
4	川崎フロンターレ	60.7
5	名古屋グランパス	54.9
:	:	:
17	ベガルタ仙台	26.9
18	Vファーレン長崎	23.2

2018年度クラブ経営情報開示資料（日本プロサッカーリーグ）

［尺度］ 数年間の推移、営業収益の内訳（入場料、スポンサー料、メディア放映権料など）、観客動員数、観客の満足度（スタジアム滞在時）、他のプロスポーツリーグの同種データ

データ例11 **バスケットボールBリーグ・チーム別営業収益**

（単位：億円）

	2016年	2017年	2018年
1	大阪11.7	千葉14.3	千葉17.6
2	栃木10.3	三河13.5	三河16.2
3	川崎9.5	大阪12.4	A東京13.8
4	千葉9.3	栃木11.6	宇都宮13.7
5	三河8.3	A東京11.2	大阪13.6

クラブ決算概要発表資料（Bリーグ、2019年11月）

［尺度］ 営業収益の内訳（入場料、スポンサー料、メディア放映権料など）、観客動員数、観客の満足度（スタジアム滞在時）、他のプロスポーツリーグの同種データ

データ例12 **バスケットボールBリーグリーグ決算数値**

	2016年	2017年	2018年
入場者数	224万人	250万人	259万人
営業収入	149.7億円	194.9億円	220.6億円

クラブ決算概要発表資料（Bリーグ、2019年11月）

［尺度］ 営業収益の内訳（入場料、スポンサー料、メディア放映権料など）、他のプロスポーツリーグの同種データ

データ例13 **国内スポーツメーカー企業売上高**

(単位：億円)

	社名	売上高	国内売上高	営業利益
1	アシックス	3,867	1,004	105
2	ミズノ	1,781	1,245	76
3	デサント	1,424	568	84
4	グローブライド	878	527	38
5	ゴールドウィン	849	825	118

各社HP公開財務（2018年12月または2019年3月決算）
「WWDジャパン」（INFASパブリケーションズ）
「Apparel Business Magazine」（繊維流通研究所）

［尺度］ 過去数年の推移、営業収益の内訳（競技、アウトドア、カジュアル、学販など）、営業利益率、売上高に占める国内売上高の割合、営業拠点数（店舗数）、顧客満足度

データ例14 媒体別広告費（国内）

（単位：億円）

	新聞	雑誌	ラジオ	テレビ	インターネット
1995年	11,657	3,743	2,082	17,553	–
1996年	12,379	4,073	2,181	19,162	16
1997年	12,636	4,395	2,247	20,079	60
1998年	11,787	4,258	2,153	19,505	114
1999年	11,535	4,183	2,043	19,121	241
2000年	12,474	4,369	2,071	20,793	590
2001年	12,027	4,180	1,998	20,681	735
2002年	10,070	4,051	1,837	19,351	845
2003年	10,500	4,035	1,807	19,480	1,183
2004年	10,559	3,970	1,795	20,436	1,814
2005年	10,377	4,842	1,778	20,411	3,777
2006年	9,986	4,777	1,744	20,161	4,826
2007年	9,462	4,585	1,671	19,981	6,003
2008年	8,276	4,078	1,549	19,092	6,983
2009年	6,739	3,034	1,370	17,139	7,069
2010年	6,396	2,733	1,299	17,321	7,747
2011年	5,990	2,542	1,247	17,237	8,062
2012年	6,242	2,551	1,246	17,757	8,680
2013年	6,170	2,499	1,243	17,913	9,381
2014年	6,057	2,500	1,272	18,347	10,519
2015年	5,679	2,443	1,254	18,088	11,594
2016年	5,431	2,223	1,285	18,374	13,100
2017年	5,147	2,023	1,290	18,178	15,094
2018年	4,784	1,841	1,278	17,848	17,589

広告白書2019（日経広告研究所、2019年）

［尺度］ 増加率、比率（新聞を1.0として算出）

6

6-3 データの例・尺度の応用

前節では、尺度を基にして、様々な業界のデータを考察しました。考察ではデータの結果から、皆さんなりにその分野や業界の特徴、展望を導き出し、評価したことでしょう。

ここではさらに一歩踏み込んだ尺度を用いることで、データを正面からだけでなく、前後左右から見ることを学びます。

(1) 顧客満足度

あるサービスで顧客満足度調査を行ったとしましょう。調査結果は7.5点（10点満点、調査対象者100名）でした。

顧客満足度7.5点

ここでは7.5点という数値だけ見ると、ほど良い結果となります。ところが、この調査データで「男女別」という尺度を用いて男女別に統計すると、新たな見え方ができます。

男性8.5点（調査対象者70名）
女性5.0点（調査対象者30名）

男性の満足度は高いですが、女性は低いことが明らかです。7.5点という一括りの結果だけ見て、ほど良い満足度であると結論付けるのは早まった考えといえるでしょう。

これらを踏まえて、このサービスでは女性の満足度を向上させることが大きな課題であると同時に、思い切って男性に特化したサービスとして展開することも考えられるでしょう。

(2) カフェ来客数

カフェをチェーン展開する会社が店舗の拡充、増設、廃止などの経営判断をするため、2年前と今年の来客者数データを算出したとしましょう。

店名	2年前	今年
カフェA	18,000	16,000
カフェB	55,000	59,000
カフェC	54,000	51,000
カフェD	21,000	24,000
カフェE	19,000	15,000
カフェF	59,000	61,000
カフェG	42,000	53,000
カフェH	20,000	18,000

このデータからは何を導き出し、判断し、経営に活かすことができるでしょうか。

8店舗全ての平均を算出することは全体像の把握に役立ちますが、経営判断の材料としては不十分です。

このデータから、カフェの来客者状況は5つの「種別」に分けられます。

- 来客者数は多く、伸びも高い
- 来客者数は多いが、伸びは低い
- 来客者数は少ないが、伸びは高い
- 来客者数は少なく、伸びも低い
- その他

このように、「種別」という尺度を用いると、どの店舗に資金投入すれば儲かるか、どの店舗が廃止対象となるか、この店舗は現状維持でよいか、といった経営判断、対応策が浮かび上がってきます。

(3) 学習塾の開業

小学生向け学習塾の開業を検討するとしましょう。開業する場所を決めるには、開業候補地にどのくらいの顧客候補者(小学生)がいて、その数は今後どう推移するのかといった候補地の状況、特性を確認する必要があります。これらを並べて比べると下記になります。

地区名	人口	小学生数	人口増加率 (過去5年間)	平均年齢	人口密度	小学校数
A市	640,000人	33,000人	2.3%	44歳	7,300人	55校
B市	77,000人	4,000人	4.4%	43歳	8,300人	8校
C市	180,000人	9,300人	0.5%	44歳	11,800人	15校
D市	74,000人	3,500人	▲3.4%	48歳	310人	11校

加えて、市内の地域別(東部、西部、南部、北部など)の人口、小学校別の生徒数、小学校の学年別生徒数、同業者(学習塾)数などは確認する必要があるでしょう。これらの数値は自治体のホームページで簡単に確認することができます。

候補地を決めるには単純に人口の多い少ないだけで判断はできません。いくつかの尺度を基にして前後左右から検証することで、正しい経営判断ができるのです。

まとめ

本章では業界研究やビジネスにおいて、データを踏まえることの重要性を示しました。そして、そのデータの結果から何を導き出し、評価するかというプロセスでは様々な尺度を用いることが有効であることの実践的な事例を挙げました。

皆さんがキャリアの色々な場面でたくさんの尺度を基にして、前後左右からバランス良く物事を考察できるようになれれば幸いです。

7章

求められる
外国人の人材とは

7-1 人手となるか人材となるか

少子高齢化で求められる外国人人材

少子高齢化は日本における重大な問題として存在します。世界の中で、日本は群を抜いて少子高齢化が加速しています。少子高齢化によって引き起こされる問題としては、次のようなものが挙げられます。

- 生産年齢人口（労働人口）の減少による国力の低下
- 若年労働者の減少による、深刻な人手不足
- 消費者の減少による経済の縮小

少子高齢化に伴う人手不足は、肉体労働や夜間勤務を伴う職種、年中無休で稼働する業種などで深刻な問題となっています。その解決手段として、日本政府は外国人労働者の受け入れを積極的に進めています。

日本における外国人の就労状況

法務省出入国在留管理庁（2019）によると、2019年6月末時点における在留外国人数は282万9,416人で、前年末に比べ9万8,323人（3.6%）増加し、過去最高を記録しています。これは、日本の総人口の約2%にあたります。

また、厚生労働省（2020）の発表によれば、日本で働いている外国人数は2019年10月末の時点で165万8,804人（事業所による届け出が義務化された2007年以降最多）を記録しており、国籍別で1位の中国（25.2%）と2位のベトナム（24.2%）だけで約半数を占めています。在留資格別では（**図7-1**の左図参照）、永住者や日本人の配偶者らを含む「身分に基づく在留資格」が最多の53万1,781人で32.1%を占めており、「技能実習」23.1%、留学を含む「資格外活動」22.5%、芸術や宗教、報道、研究、高度専門職を含む「専門的・技術的分野の在留資格」19.8%と続いています。外国人の就労先を産業別にみると（**図7-1**の右図参照）、「製造業」が48万3,278人と最も多く、全体の29.1%を占めたほか、「サービス業

（他に分類されないもの）」が16.1%、「卸売業、小売業」12.8%、「宿泊業、飲食サービス業」12.5%などとなっています。

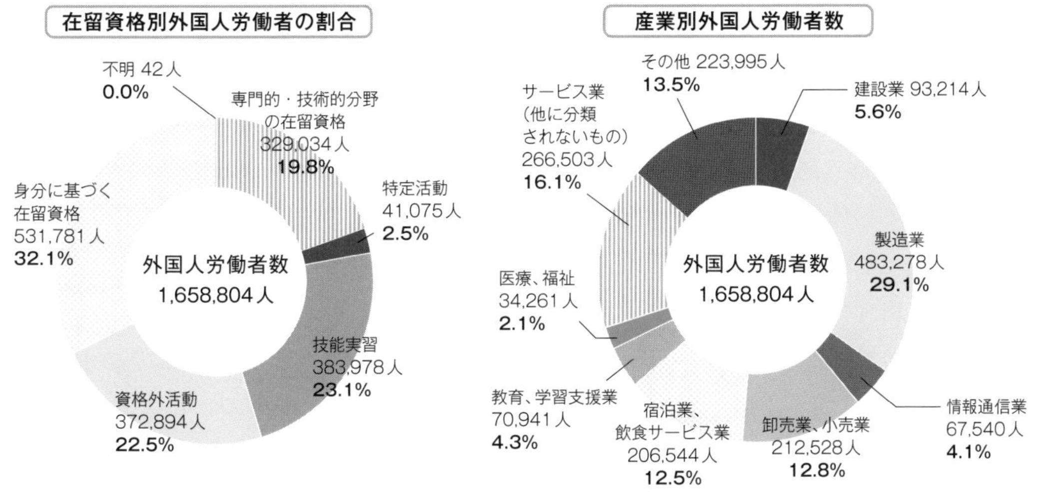

図 7-1 ▸在留資格別外国人労働者の割合と産業別外国人労働者数

厚生労働省（2020）「「外国人雇用状況」の届出状況まとめ」より

日本における外国人労働者受け入れの現状と今後の課題

みなさんは、どういう働き方をしたいと考えていますか。今は、日本で就職したいと漠然と希望している人も多いかもしれません。

例えば、「特定技能」という在留資格で就職するなら、日本語能力試験N4以上の日本語力があれば可能です。一方、日本人と同じように一般企業に就職する場合には、日本語能力試験N2程度の日本語力が求められますが、自分の専門性を生かして働くこともできるでしょう。さらに、「高度人材ポイント制」という制度により、出入国在留管理上の優遇措置を得て、日本で働くことができる可能性もあります。

みなさんも自分がどのような働き方をしたいか、自分の将来について考えてみましょう。

参考

法務省出入国在留管理庁（2019）「令和元年6月末現在における在留外国人数について（速報値）」
http://www.moj.go.jp/nyuukokukanri/kouhou/nyuukokukanri04_00083.html

厚生労働省（2020）「「外国人雇用状況」の届出状況まとめ（令和元年10月末現在）」
https://www.mhlw.go.jp/stf/newpage_09109.html

7-2 「留学」から資格変更できる在留資格

2019年11月時点で、「留学」を含め29種類の在留資格が入管法で定められています。留学生が就職する場合、最も一般的な在留資格は「技術・人文知識・国際業務」です。一般企業に就職する場合に与えられるのがこの在留資格になります。その他、特定の産業分野での就労を担う「特定技能」、介護福祉士の資格を生かして働く「介護」、レストランやお店などの経営者に認められる「経営・管理」などへの資格変更も考えられます。その中から、ここでは「技術・人文知識・国際業務」と「特定技能」の要件について見ていきましょう。

「技術・人文知識・国際業務」の要件

在学中に身につけた技術や専門知識を活かして、卒業後に日本企業等での就労を希望する場合、現在、多くの留学生が「技術・人文知識・国際業務」に資格を変更しています。

主な要件を見てみましょう。

- 学歴、専攻、職歴等から、相応の技術・知識等を有する者であるのか
- 職務内容が、本人が持っている技術・知識を活かせるものなのか
- 報酬等の処遇が適当であるか
- 雇用する企業の安定性と継続性、そして本人の職務を活かせる機会が提供されているのか

などが、在留資格を変更するうえでの審査のポイントとなっています。

また、卒業時に取得する専門士で就職しようとする場合は、学んだ専門分野と従事しようとする職務との適合性が重要となります。

「特定技能」の要件

「特定技能」と呼ばれる在留資格は、日本の深刻な人手不足の状況に対応するため、2019年4月からスタートしました。その在留資格には、特定技能1号と特定技能2号の2

種類があります。特定技能2号は、建設や造船といった特定産業分野での熟練した技能が必要となります。ここでは留学生が取得しやすいと思われる特定技能1号について、要件等を見てみましょう。

特定技能1号は、特定産業分野に属する相当程度の知識または経験を必要とする技能を要する業務に従事する外国人向けの在留資格です。この在留資格では今現在、家族の帯同は認められていません。また、通算で最大5年までの在留期間となっています。

主な要件を見てみましょう。

- 18歳以上
- 日本語能力試験N4以上の合格及び、技能試験に合格していること
- 特定技能1号で通算5年以上在留していないこと
- 保証金を徴収されていないこと又は違約金を定める契約を締結していないこと

など

2020年7月現在、特定技能1号の在留資格で働くことができる特定産業分野として14の産業分野が指定されています。各分野の試験は、それぞれ実施する団体が異なります。試験を受けたい場合は、その試験を行う省庁や団体のウェブサイトを確認して、必要な手続きを行いましょう。各産業分野の試験の合格証の有効期限は10年です。

就職活動を続けるための「特定活動」

就職活動を続けていても、卒業するまでに就職が決まらないかもしれません。それでも日本に残って就職活動を続けたいという人たちのために「特定活動」という在留資格があります。

あなたが通っている学校は、大学、短大、大学院、専門学校のどれですか。専門学校の場合は、専門士が取得できること、そしてその専門分野が「技術・人文知識・国際業務」等での就労に該当する場合に、この在留資格に変更することができます。

大学院で研究生として在籍している場合、大学の留学生別科で学んでいる場合、専門学校でも専門士がとれない課程や日本で就労できない専門分野を学んでいる場合はこの在留資格はとれないので注意が必要です。

申請にはあなたが通っている（卒業した）学校からの推薦状や、就職活動を続けていることを示す書類なども必要なので、希望する場合は早目に学校に相談してみましょう。

参考

法務省出入国在留管理庁「在留資格一覧」
http://www.immi-moj.go.jp/tetuduki/kanri/qaq5.html

法務省「特定活動9」
http://www.moj.go.jp/ONLINE/IMMIGRATION/ZAIRYU_HENKO/zairyu_henko10_21_10.html

法務省「留学生の在留資格「技術・人文知識・国際業務」への変更許可ガイドライン」
http:// www.moj.go.jp/nyuukokukanri/kouhou/nyuukokukanri07_00091.html

法務省「新たな外国人材の受入れ及び共生社会実現に向けた取組(在留資格「特定技能」の創設等)」
http://www.moj.go.jp/nyuukokukanri/kouhou/nyuukokukanri01_00127.html

7-3 どんな働き方をしたいか

自分の働き方を考える

現在「留学」の在留資格で日本にいるみなさんは、近い将来どんな仕事に就きたいと考えているでしょうか。ここでは、自分の希望と向き合ってみましょう。

ワーク1 就職に関わるトピックごとに、自分の現状や希望について考えましょう。
A、B、Cであなたの希望に近いものに○をつけ、____や□に記入していきましょう。

①働く場所

A…日本で働きたい。　　B…自分の国または外国で働きたい。
C…日本で数年働いてから自分の国で働きたい。

②日本語の使用

A…日本語を生かして仕事をしたい。
B…日本語を使わない仕事でもよい。

③日本語能力

JLPT日本語能力試験で合格しているレベル　N__________
JLPT以外に合格している日本語能力試験とレベル：

____

④専門性

A…身につけた知識や技術など自分の専門性を生かして働きたい。
B…専門性にはこだわらず、就職することを最優先に考えたい。

あなたの専門：____

⑤その他希望

やりたい仕事の内容やイメージ、希望する給料の額など、あなたが就職や仕事について考えていることをあげてみましょう。

さて、自分の希望が見えてきましたか。希望によって、準備すべきことや選択肢は変わってきます。以下は、みなさんの選択の参考にしてください。

日本以外の場所で働きたい人

日本留学の経験は、日本語力や専門知識を身につけた点だけでなく、日本人の文化や習慣、考え方を知っていることも、社会に出る上で非常に大きな強みとなります。自分の国などで就職する場合、日系企業、日本と取り引きがある企業などを考えてみるのもよいでしょう。仕事で日本語を使わないとしても、せっかく日本に留学している今、日本語能力試験はできるだけ高いレベルに合格することを目指してみてはいかがでしょうか。自分の可能性を広げることにつながります。

日本で働きたい人：専門性を生かす

専門性を生かす就職は「技術・人文知識・国際業務」の在留資格で一般企業に就職する場合と、「介護」の在留資格で介護福祉士として働く場合が考えられます。

「技術・人文知識・国際業務」での就職では、基本的にJLPT日本語能力試験のN2以上に合格していることが1つの条件となります。自分の専門や希望にあった業務内容の求人にチャレンジしましょう。

「介護」の在留資格を得られるのは、介護福祉士養成施設（都道府県知事が指定する専門学校等）を卒業して介護福祉士の資格を取得した人です。介護福祉士として働くことを目指すなら、この資格が取得できる学校に行く必要があります。

日本で働きたい人：専門性にこだわらない

専門を生かすことにこだわらず日本で就職することを第一に考えている人は「特定技能1号」という在留資格で就職する方法があります。特定技能1号は、国際交流基金日本語基礎テストかJLPT日本語能力試験N4以上の合格と、特定産業分野の各分野で行われる試験の合格が求められます。特定産業分野の試験の合格証明書の有効期限は10年間とされているので、「技術・人文知識・国際業務」での就職を目指しつつ、保険のような感覚で試験に合格しておくということも考えられます。特定技能1号での就職は通算で5年間と定められているため、数年間働いたら帰国しようと思っている人にも選択肢の1つとなり得ます。

ワーク 2 留学生の中には、就職して数年間経験を積んだあと、自分で起業したいと考えている人も多いようです。あなたが起業するとしたら、どんな会社やお店をつくりたいですか？ できるだけ具体的に考えて、発表したり、意見交換したりしてみましょう。

オフィスや店舗の場所：＿＿＿＿＿＿＿＿＿＿＿＿＿＿＿＿＿＿＿＿

or インターネット上のみ

どんなサービスや商品を扱うか

どうしてそれをしたいか

起業するためにあと何が必要か

起業する時期：これから何年後？

日本に長く住むのなら

日本に長くいたいと考えている場合、次のことを含めて考えてみてはどうでしょうか。

「高度人材ポイント制」

この制度は、優秀な外国人材に日本で働いてもらうことで、日本の産業界にさらなる発展やイノベーションをもたらすことを目的につくられました。「学歴」「職歴」「年収」などの項目ごとにポイントが設定されており、ポイントの合計が70点に達した人が申請することができます。高度外国人材として認定されると、永住権申請までの年数が短くなる、子どもが7歳になるまで親も日本に滞在できるなど、出入国在留管理上の優遇措置が得られます。「高度学術研究活動」「高度専門・技術活動」「高度経営・管理活動」の3つの分野がありますが、「技術・人文知識・国際業務」の在留資格の場合は「高度専門・技術活動」に該当します。詳しくは、下記のWebページで確認してください。

・法務省出入国在留管理庁
「高度人材ポイント制による出入国在留管理上の優遇制度」
http://www.immi-moj.go.jp/newimmiact_3/

「永住者」

「留学」から「技術・人文知識・国際業務」の在留資格に変更して働く人は、就労期間が5年以上になり、留学生であった期間とあわせて日本にいる期間が10年以上になったら「永住者」の在留資格に変更する永住許可申請を行うことができます（「特定技能1号」や「技能実習」は該当しません）。

「永住者」には、在留期間と在留活動の制限がありません。正社員だけでなく派遣社員やアルバイトとして働くことも可能で、どのような内容の業務に就くかも自由です。起業する場合、「経営・管理」の在留資格を取るには資金面など高いハードルがありますが、「永住者」にとっては起業も容易になります。その他社会生活においても、物件などの契約やローンを組む際には日本人と同レベルの信用度で判断されるため、生活上の利便性も高まるといえます。

永住許可申請の際は、直近5年間の税金や社会保険料の納付状況についての資料も提出します。働き始めてからの状況ですが、就職する時に就職先の社会保険にスムーズに移行手続きができるよう、留学生の時から国民健康保険や国民年金の加入についてきちんとしておくことが大切になってきます。

7-4 就労のための在留資格変更に向けたチェックポイント

日本に滞在する上での義務を果たしている？

みなさんは、アルバイトをしていますか。「留学」の在留資格で資格外活動許可を得ている場合、アルバイトができるのは1週間に28時間（長期休暇中は1週間40時間）までと入管法で定められています。また、国民健康保険と国民年金への加入、住民税（住んでいる都道府県や市町村に払う税金）の納入は日本に住む上での義務です。就職が決まって「留学」から在留資格の変更手続きをする時には、日本で生活する上でルールを守り、義務をきちんと果たしているかどうかが重要なポイントになります。

ワーク3 自分にあてはまるものに✓しましょう。

- □ 1. アルバイトは、時間を守ってやっている。
- □ 2. アルバイトは、実は週に28時間以上やる時もある。
- □ 3. アルバイトは、複数しているけれど、給料をもらう通帳を分けているので大丈夫だと思う。
- □ 4. 有効期限内の国民健康保険証を持っている。
- □ 5. 国民健康保険税（料）は、銀行から引き落とされるようにしている。
- □ 6. 国民健康保険税（料）は、払い込み用紙できちんと払っている。
- □ 7. 国民健康保険税（料）は、最初は払ったけど今は払っていない。
- □ 8. 国民健康保険税（料）は、最初は安かったけど急に高くなった。
- □ 9. 病院には行かないから、国民健康保険は払わなくていいと思う。
- □ 10. 国民年金は、学生なので免除の申請をしている。
- □ 11. 国民年金保険料は、払い込み用紙が届くけれど払っていない。
- □ 12. 住民税は、きちんと払っている。
- □ 13. 住民税は、払い込み用紙が来るけれど払っていない。
- □ 14. 住民税は、高すぎて払えない。

さて、いくつ✓がつきましたか。1～14のうち、1、4、5、6、10、12以外に✓をつけた人は注意が必要です。払っていないお金は、分割払いの相談ができますので、すぐにでも役所に相談に行きましょう。

アルバイトについては、マイナンバー制度やアルバイト先からハローワークへの届け出の義務化により、外国人がどこでアルバイトをしているかを各出入国在留管理局で把握できるようになっています。そして、国民健康保険税（料）の額、住民税の額、国民年金が免除できるかどうかは、前の年の収入によって決まります。

就職すると、国民健康保険は就職先の健康保険へ、国民年金は就職先の厚生年金へ、それぞれ変更されます。その手続きは就職先の企業が行いますので、その時に未納の金額がないように払っておくことが大切です。

自分の課税証明書を確認しよう

では、実際にあなたがどれだけ働いたかを知るために、役所で課税証明書をもらって確認してみましょう。課税証明書は、自治体によって様式は異なりますが、以下の情報が含まれています。

収入：前の年の1月から12月までの総収入額

所得金額：総収入額から控除と呼ばれる金額を引いた額

年税額：住んでいる自治体（都道府県や市区町村）に支払う税金の合計額

課税証明書は、在留資格の更新手続や変更手続の際に、出入国在留管理局より提出を求められる場合があります。

ワーク4

①自分の課税証明書を見ながら、自分の数字を書き入れましょう。

課税証明書の年度	＿＿＿＿＿＿＿＿	年度
収入	＿＿＿＿＿＿＿＿	円
所得	＿＿＿＿＿＿＿＿	円
年税額	＿＿＿＿＿＿＿＿	円

②国民年金には「学生納付特例制度」という免除の制度があります。あなたが所属している学校がこの制度の対象となる場合、所得が118万円以下なら免除の申請ができます。もう一度、課税証明書の所得額を確認してみましょう。

あなたはどちらですか？

□ 所得は118万円以下だった。
→ 学生証や在学証明書を持って、役所に免除の申請に行きましょう。
学年が変わったら、改めて行かなければなりません。

□ 所得は118万円以上だった。
→ 国民年金保険料を払わなければなりません。

就職と学歴との関係

「留学」の在留資格を持っている人が日本人学生と同じように就職する場合、ほとんどが「技術・人文知識・国際業務」という在留資格で就職することになります。この在留資格では、日本の4年制大学を卒業した場合以外は、就職しようとしている企業で行う業務の内容と学んだ内容（専門性）との関連性を出入国在留管理局に認めてもらう必要があります。就職活動をする際には、募集されている業務内容をよく確認して応募するようにしましょう。

日本の4年制大学以上　卒業	○	専門との関連性を問わず幅広い業務で就職可
日本以外の4年制大学・大学院　卒業	○	専門（専攻）と関連性のある業務で就職可
日本の大学院（国外の大学卒の場合）・短期大学・専門学校　卒業	○	専門（専攻）と関連性のある業務で就職可
日本以外の国の2年制・3年制大学　卒業	△	専門（専攻）と関連性のある業務で就職できる場合もある
日本以外の国の専門学校・職業訓練校　卒業	×	専門（専攻）と関連性のある業務であっても就職できる可能性は低い

表7-1 ▸学歴・専門性と日本での就労との関係

「技術・人文知識・国際業務」に在留資格変更の申請をしてから出入国在留管理局から審査結果が下りるまでの期間は、短い場合は10日前後、長い場合は3か月以上と幅があります。これには、就職しようとする企業の規模や外国人受け入れ実績等も関係しています。

日本語能力の証明

日本で就職するためには、自分の日本語能力を客観的に示す必要があります。日本語能力試験にはいくつか種類がありますが、就職する場合に結果を提出するといいのは「高度人材ポイント制」の加点対象としても認定されている次の2つの試験です。

- 日本語能力試験
  https://www.jlpt.jp/
  （主催：財団法人日本国際教育支援協会・独立行政法人国際交流基金）
- BJT ビジネス日本語能力テスト
  https://www.kanken.or.jp/bjt/
  （主催：公益財団法人日本漢字能力検定協会）

日本語能力試験ではN2以上、BJTビジネス日本語能力テストでは400点以上を取得できるよう取り組みましょう。

日本語能力試験ではN3取得で「技術・人文知識・国際業務」の在留資格を得て就職している事例も少なくありません。最初から難しいレベルを受験するのではなく、着実にレベルを上げて履歴書に書ける資格を増やしましょう。

7-5 就職活動と情報収集

就職活動のスケジュール

世界の多くの国では、学校に入学するのは9月です。一方、日本の学校は4月に入学します。それに合わせて、企業への入社時期も一般的には4月です。

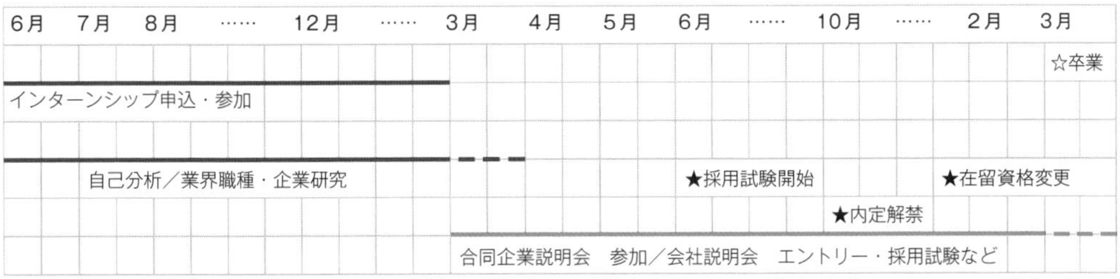

図7-2 ▸留学生の就職活動の流れ

日本で就職活動をする場合、卒業する前年の3月から活動が活発になります。合同企業説明会や企業説明会に参加し、採用試験に進みます。

しかし実際には、前の年から就職活動は始まっています。本格的に就職活動を開始する前に、企業研究（どのような業種や職種があるのかを調べる）や自己分析（自分の適性ややりたいことに向き合う）を行うことが大切です。

今は「インターンシップ」という機会を設けている企業も多く、就職する前に様々な企業で職業体験をすることができます。興味のある業界や企業のインターンシップに、ぜひ参加してみましょう。

そして、卒業前の1年間は就職活動本番です。春から夏にかけて開催される合同企業説明会や企業の説明会に積極的に参加しましょう。6月以降に行われる採用試験を受け、企業から採用の内定をもらった場合は、10月の内定式に出席します。内定をもらったら、その後は翌年4月の入社に備え、日本語をはじめ仕事で必要と思われる知識をどんどん学びましょう。

卒業が近づいた1月頃には在留資格変更の申請をしますから、提出書類をそろえましょう。国民健康保険などの支払いも3月まで忘れずに！

また、たとえ卒業までに就職が決まらなくても、在留資格を「特定活動」に切り替えることで、アルバイトをしながら就職活動を続けることができます。通常とはちがう時期に募集を出したり、4月以外に入社を受け入れたりする企業もたくさんあるので、なかなか就職が決まらなくても、自分や家族の未来のために、あきらめず活動を続けましょう。

就職活動の準備と心構え

早い時期から活動を始めましょう。ここで準備として挙げるのは、次の6点です。

1. 日本語でのコミュニケーション能力の向上

まずは日本語でのコミュニケーション能力を伸ばすことです。企業の採用試験では、日本語能力試験Ｎ１～Ｎ３レベルのテストや作文、企業によっては英語や数学の試験といった筆記試験と面接がありますが、留学生に対して企業側は、筆記試験よりも面接を重視します。企業で日々働くにあたり、コミュニケーション能力は最も必要なものです。たとえ大学卒業の資格を持っていても、学校の成績が良くても、日本語のコミュニケーション能力がなければ採用されません。日ごろから、学校やアルバイトで日本人と敬語を使いながら積極的に話したり、日本の映画やドラマで会話を聞いたりするとよいでしょう。企業の面接官との受け答えが楽しくできたなら、採用に近づきます。

またコミュニケーション能力に加え、履歴書、エントリーシート、作文、面接、企業側とのメールや電話のやりとりなど、自分を表現するうえでの日本語力も欠かせません。就職に向けて、毎日の日本語学習をコツコツと積み重ねていきましょう。

そして、企業側が採用に求める資格として、日本語能力試験のN1、N2合格、非漢字圏の学生であればN3合格が明記されることも多くなりました。履歴書に書けるようにがんばりましょう。

2. インターンシップへの参加

インターンシップに参加することも、翌年3月からの就職活動に備えた大きな準備といえます。時期は日本人の学生と同じく、就職活動前年の夏から冬にかけて行われます。学んでみたい研修内容や日本での就業体験のため、または、興味をもった仕事や企業が本当に自分に合っているのかを見極めるために参加してみましょう。インターンシップに参加することで、自己分析や業界職種、企業研究へとつながります。そして、日本語力やビジネスマナーの必要性も身をもって感じ、勉強意欲にもつながるのではないでしょうか。

3. 自己分析をする

インターンシップの参加をはじめ、本番の就職活動で自分を表現するためには、自己分析が大切です。自分の過去と今を見つめなおし、未来の自分を想像することで、自分がどんな人間なのか、将来の目標、やってみたい仕事などがみえてきます。志望理由を述べるときや、自己アピールをするときにも、分析をしっかりしておくことが役に立ちます。

次の〔ワーク〕を参考にしてみてください。

ワーク 5

	思い出に残っていること	がんばったこと	問題をのりこえた経験について	やりたいと思ったこと（理由も）
高校生まで				
大学生／会社員のころ				
日本での学生生活				

ワーク 6

長所	
短所	

ワーク
7

☆未来の自分は、どうなっていたいでしょうか。想像して書いてみましょう。

☆上に書いた自分になるためには、これからどんなことをすればいいでしょうか。

4．業界職種・企業研究

業界職種研究は、日本の企業に興味を持ったらいつでもインターネットなどで調べることができますが、インターンシップに参加すると、より自分の関心のある仕事や自分に合っている仕事をしぼって調べることができます。自己分析と併せて進めましょう。卒業する前年の3月から始まる合同企業説明会ではいろいろな業界の企業が参加しますから、それまでにはしぼり込んで十分な準備をしておきたいものです。そして、自分がどんな企業で働きたいのか、企業の中でどんな仕事がしたいのか、具体的に考えておきましょう。

企業を調べてみると、所在地・規模・海外拠点の有無・待遇・社員教育制度など、特色は様々ですが、自分が何を重視するのかも、採用情報がたくさんある中での就職活動の方向性につながります。

ワーク
8
興味をもっている業界職種・企業について書いてみましょう。

☆業界（例：食品・機械・自動車・スーパー・銀行・ホテル・出版・ネット関係…）

☆職種（例：営業・開発・生産管理・事務・広報・人事…／どんな仕事がしたいのか、具体的に書いてみましょう。）

☆企業（会社の名前／どうしてその会社に興味があるのかも書いてみましょう。）

5．履歴書・面接の準備

合同企業説明会のときや、採用情報を見て応募したいときなど、いつでも提出できるように準備しておいた方がよいでしょう。作成はパソコンでも手書きでも、どちらでもかまいません。志望理由のところは、まずはどこの企業にも出せるような内容にしておき、就職したい業界がしぼれてきたときに変更していきましょう。

面接練習は、学校の就職課や先生、もしくは新卒応援ハローワークのような公共機関でも無料で練習指導を受けることができます。

6．経済面に関する準備

就職活動をするには、経済的な面も考慮しておく必要があります。スーツや靴、かばん、企業説明会などに参加するための交通費、また、採用試験を受けるならば、その準備でなかなかアルバイトもできなくなります。就職活動のために、計画的に貯金しておきましょう。

就職活動の心構えとしては、「前向きに・積極的に・あきらめない」。自分を信じて、明るい未来を想像して、チャレンジしてみましょう。何かの縁がつながって、きっと次のステージが広がります。

情報収集のしかた

活動の情報・留学生を採用する企業の情報を得るため、次の方法をご紹介します。

学校の就職課・先生・先輩など「周りの人からの情報収集」

自分がよく知っている周りの人からの情報を聞くことです。質問も遠慮なくできますし、自分に合ったアドバイスがもらえます。

学校では留学生を採用する企業の情報、合同企業説明会の開催日や就職セミナーの参加募集、公共機関の利用方法を聞き、積極的に活用しましょう。

就職活動を経験した先輩や、日本社会の流れを知っている日本人の友だちの話を聞くことは、効率的な活動をしていくうえで非常に役に立ちます。

近年、アルバイト先でそのまま就職する留学生も増えています。アルバイト先の日本人に相談してみることも、何かにつながるかもしれません。

公共機関の利用

インターンシップ、企業勉強会、就職関連各種セミナー、合同企業説明会など、年間に主催しているイベントが多数あります。登録すれば、留学生を採用する企業の求人票などをサイトで閲覧することもできます。

新聞・書籍

新聞に載っている採用情報は日本人向けですが、各業界の動向や、近年は外国人の雇用についても度々取り上げられています。社会の動きを知り、試験や面接にも使えそうな情報を集めておきましょう。

採用試験対策問題集や留学生のためのビジネスマナー本なども、数多く出版されています。学校の就職課や書店に行って、実際に見てみましょう。

就職情報サイト

就職情報サイトに登録して留学生採用予定のある企業の情報を確認し、説明会などにエントリーすることができます。また、サイトによっては就職活動の流れや自己分析、業界研究の方法、採用試験の受け方などが詳しく紹介されています。

ここでは全国にネットワークをもつ代表的なサイトを紹介します。

- キャリタス就活：https://job.career-tasu.jp/
- マイナビ：https://job.mynavi.jp/
- リクナビ：https://job.rikunavi.jp/
- 新卒応援ハローワーク「正社員就職を目指す若者のみなさまへ」：
  https://www.mhlw.go.jp/

そのほか、みなさんの住んでいる地域の就職情報に強いサイトや、自分の国の情報サイトなどもあるでしょう。

いろいろなものを早い時期から調べて、活用して、就職活動をしましょう。

8章

魅力のある人とは

8-1 文学に学ぶ人間力

樋口一葉の場合

これから社会に出て、自らの人生というキャリアを作っていくみなさんに、ある一人の、大変魅力的な文学者の人生を紹介したいと思います。

その名は樋口一葉。おそらく、これを読むみなさんと同じくらいの年齢で、働くこと、将来のこと、生きていくことを真剣に考え、悩み、社会への入り口を前に、もがき苦しみ、葛藤した、近代日本を代表する女性作家です。「キャリア形成」という言葉などなかった時代に彼女は、懸命に自分の理想の人生を作り上げるべく、闘いました。

樋口一葉

こんな彼女の魅力とは何でしょうか。最終的に作家として成功したことでしょうか？　現代まで続く名声を手に入れたことでしょうか？　私はそうは思いません。そこにいたるまでの道筋の豊かさに私は魅了されるのです。

一葉の人生の道筋は悲喜こもごも、良いことや悪いこと、楽しいことやつらいこと、プラスマイナス様々でした。むしろ、マイナスに見えるようなことの方が多かったのかもしれません。こんな中、彼女はひたむきに、自らの人生を信念をもって作り上げ、24年の生涯をかけて歩み続けました。その不器用なほどのまっすぐな歩みが大変魅力的であると私は思うのです。

貧困の中のプライド

樋口一葉は現在の5,000円札の「顔」となっています(2020年時点)。紙幣に、自分の顔が印刷される――。みなさんは、こんなことを想像したことがありますか？　樋口一葉にいたっては、まさかまさかの出来事だったはずです。もしも彼女が現在使用されている5,000円札を見たならば、「ばかにしているのですか」と本気で怒り出しそうな気がします。

5,000円札の樋口一葉

それほどまでに、樋口一葉は、お金とは縁がない生涯を送った女性でした。彼女は、その才能や知名度とはうらはらに、貧乏に苦しんだ人であったのです。

さてここで、「貧乏」と書きましたが、みなさんはどのような状態のことを貧乏と言いますか？ 「貧乏」と一言で言っても、人によって、いろいろな状態の貧乏がありますし、いろいろな考え方や尺度があります。

では、樋口一葉の貧乏はどのようなものであったのでしょうか？

まず確認しておかなければならないのは、一葉の生まれた樋口家は、決して貧乏ではなかった、ということです。彼女の生涯についてはあとで詳しく述べますが、幼少期の一葉は、それなりに裕福な暮らしをしていました。しかし、一家の大黒柱である父親と、頼りにしていた一番上の兄も亡くなったところから、樋口家の没落がはじまります。

一度裕福な生活を体験してしまうと、その生活レベルを落とすのはなかなか難しい、とよく言われます。もとから貧乏であれば、それが当たり前のことなのです。しかし、貧乏へと墜ちていくこと、これはとてもつらい。惨めさ、過去を思う情けなさ、ずたずたにされたプライド。樋口家の没落により、一葉はまさにこうした心境を味わうのです。

具体的に、一葉はどのような貧乏生活を送っていたかと言いますと、とくに、住む家もなかったとか、1週間も食事をとらなかったとか、そういうことはほぼありません。まれに、明日の米がない、と心配した日もあったようですが、残されている日記を読むと、実際にごはんを食べれずにひもじい思いをしたことはないようです。つまり、最低限、生きていくことに支障はありませんでした。

しかし人は、動物ではないのですから、食べているだけで「生きる」ことができる、というわけではありません。人は、人と人との関係において、生きています。一葉が貧乏を感じたのは、人間関係のなかにおいてであったようです。

例えば、一葉が14才から通っていた歌塾「萩の舎」には、当時の華族やお金持ちの令嬢たちも在籍していましたが、そこで一葉は、自らの着るものや、家柄にコンプレックスを抱き、貧乏を感じています。しかしよく考えてみれば、本当の貧乏人は、和歌などという雅なものを学びに「萩の舎」には通えないはずです。

さらに、一葉の家は人との「お付き合い」を大事にする伝統があったようです。ご近所、知人への季節の贈り物の準備にいそしみ、お客様が来れば鰻をとってお迎えする、ある程度の場へ出るためにはそれなりの身なりも必要です。

こうした事実をみていくと、一見、一葉の家は、対面を気にする、見栄っ張りなところがあったように感じられます。ゆえに、それが家計を圧迫していったのではないか、とも考えられます。しかし、いちがいに、そう決めつけてしまうことはできません。

こんなこともありました。

樋口家の家計の状態がどうしようもなくなり、恥を忍んで知人に30円を借りた母親は、次の日、たまたま別の知人の見舞いに行きます。その家の赤ん坊は明日をも知れぬ病気に苦しみ、やせこけています。さらに、今日炊く米もないというその家の貧しさを見た母親は、昨日借りたお金をその知人に貸してしまったのだといいます。

こんな話を聞くと、落語の人情噺「文七元結」を思い出します。長兵衛は、腕には自身がある職人ですが、博打好きなため、借金で首が回りません。娘はそんな父をみかねて、自ら吉原に身を売ろうとします。事情を知った遊郭の女将は、長兵衛に借金の片として50両を貸すのです。

有り難い50両を抱え、家へと向かう長兵衛。吾妻橋を渡る途中、川へと身投げをしようとしている若者に遭遇します。事情を聞くと「お店の金50両をすられてしまったのです。死んでおわびをしなければなりません」とのこと。長兵衛は、女将に借りた大切な五十両を、「くれてやらあ」とその場にたたきつけるようにして、去っていくのでした――――。さてみなさんは、長兵衛の行いを、どう思いますか？　美談ではあるけれど、自分だったらそんなことはできないなあ、と感じる方がほとんどだと思います。しかし、落語の名人・古今亭志ん朝は、こんなふうに思った弟子に対して、「ちょっとでもそういう気持ちがあるならば、この噺はやらない方がいい」ときつく言ったそうです。

ちなみに一葉もまた、我が家の貧乏をかえりみずに、お金を貸してしまったことに対して「どうしようもなかったんだ、許しておくれ」とわびる母親に対してこう言います。「とんでもない、本当によい事をされました」。

貧乏は確かにつらい。しかし、つらくても、守るべき何かが、落語のなかにも、一葉の生活のなかにも、確かに、あります。

それは、プライド、です。やせがまんをしてでも守らなければならないプライド。落語が育った江戸文化の中では、人情や気っぷの良さ、「宵越の銭は持たない」という気質こそが、プライドであるのではないでしょうか。

一方で一葉のプライドは、「士族の娘」として母親に強く植え付けられました。名誉を重んじる母親は一葉に、「おまえがもしいやしい仕事をするならば、私はいっそ死んでもよい」と、常日頃から言っていたといいます。お金を稼げればどんなことをしてもいい、というわけではなかったのです。

まとめれば、一葉の「貧乏」は、プライドがあってこそのものである、と考えることができます。つまり彼女は、実のところ、お金がないこと自体には、それほど苦しんでいなかったのではないでしょうか。のちに一葉は、大手出版社からの「いくらでもお金をあげるので、うちの出版社からだけ著作を出してほしい」という依頼を断っています。一葉に言わせればこの依頼は、一時の人気を利用して、出版社も作者も収入を得ることのみを目的としているものであり、ただの金儲けの手段に過ぎないといいます。この手段を用いてしまった多くの作家は、お金を得るためだけの目的で、不本意な作品を世に出すようになってしまうというのです。本当に良い作品しか残したくない、という一葉のプライドがうかがえるエピソードです。

何よりもプライドに生きた一葉。彼女は、お金がないことに苦しんだのではなく、お金がないことにより傷つけられるプライドに苦しみました。

こんな一葉のことです、きっと、自分の顔が印刷されている5,000円札を見たならば、複雑な思いにとらわれるのではないでしょうか。お札の顔となることに、彼女のプライドが許さないのではないか、などと考えてしまいます。

みなさんのプライドはどのようなものでしょうか。人生における信念はどのようなものでしょうか。キャリア形成をする上で、自らの人生の骨格となるものを、ぜひ、深く考えてみてください。

8

「家」を支える覚悟

それにしても、5,000円札の一葉の顔は、いかにも明治の女、遠い存在のように感じられます。しかし、残された彼女の写真を見てください。なかなかの現代風美人、髪型と服装を変えれば、この令和の世の中でも充分通用する若いお嬢さんのように感じられませんか？

身長は約150cmほど、痩せ気味、猫毛の頭髪をもち、色白で目元にそばかすがあったという一葉。ちなみに、この「一葉」というペンネームはいかにも文人っぽいものですが、本名は奈津といいます。親しい人からは「なっちゃん」とか「おなつさん」、または（樋口奈津を縮めて)「ひなつちゃん」などと呼ばれていました。

それにしても、写真で見る「なっちゃん」の顔からは、利発な少女の面影、そして意志の強さがあふれ出ています。そこには、「貧乏」の暗い影などまったくみられません。

少しプライドが高そうな、このかわいい「なっちゃん」は、現実に、どのように生きていたのでしょうか。彼女はいかにして、後生まで語りつがれる「樋口一葉」という存在となっていったのでしょうか。

樋口一葉は、明治5 (1872) 年に東京府第二大区一小区幸橋御門内で生まれました。山梨県出身の父親は、一葉がまだ生まれる前、ちょうど幕末の頃、江戸に上り、士族の身分を得ました。ちなみに当時、士族の身分はお金で手に入れることができるようになっていたといいます。ほどなくして江戸幕府は崩壊。まさかの事態に、当時武士たちは路頭に迷い、一葉の父親もまた職を失います。大金をはたいて士族の身分を手に入れたのにもかかわらず、ついていないと言うべきなのでしょうか。時代の動きを読めなかったというべきなのでしょうか。

しかし樋口家は、苦労して手に入れた「士族」のプライドを捨てることはしません。これは後々、娘の一葉にも引き継がれていく気質となっていくのです。

一葉の父親が、どうにか東京府庁の職員として働くことができるようになったのは明治2年。樋口家は、それなりに安定した生活を送れるようになっていました。一葉が生まれたのはこの頃です。両親、兄2人、姉、妹に囲まれ、経済的にもとくに問題のない幸福な幼少時代を送った一葉は、本を読むことが好きな、大変勉強のできる少女であったといいます。父親はそんな一葉をとてもかわいがりました。

一方で、「女の子は学問をすると不幸になる」という母親の考えもあり、賢い子ではありましたが、女学校に進学することなく、女の子がいそしむべき裁縫などを仕込まれる日々が続きました。ちなみに一葉は裁縫が大の苦手であったと言われています。針仕事よりも机に向かうことが好きな、当時としては、あまり女の子らしくない女の子。それが一葉であったのです。

そんな彼女の一番の理解者であった父親は、娘を和歌の塾である「萩の舎」に入門させます。中嶋歌子が主催する「萩の舎」は、当時、1,000人を越える門下生を抱えていました。その多くは、華族や裕福な商家の子女であったといいます。

一方で、一葉の家は、没落士族の公務員、当時の位で言えば「平民」です。はじめて出会う、階級社会の壁、世間に存在する格差を、14歳の一葉はどのように感じたのでしょうか。きらびやか上流階級を目の当たりにして、彼女のプライドは傷つけられ、刺激されたに違いありません。

しかし、生来、勉強好きで、負けず嫌いの一葉です。和歌の腕はみるみるうちに進歩し、いつしか師匠・中嶋歌子に目をかけられる存在となってゆくのです。

そんななか、一葉に不幸が襲います。15歳のときに、樋口家の跡取りとして期待されていた長兄が死去。23歳の若さでした。17歳のときには、彼女の最大の理解者であった父親も死去。公務員を辞め、荷馬車運輸請負業組合に関わるようになっていた父親は、大金を出資したあげくの組合活動の失敗に、失意のまま60歳の生涯を閉じたのでした。

長兄を亡くし、父を亡くし、家を出ていた次兄は頼りにならず、姉は嫁いでしまっています。残された一葉と母親、妹は、女3人でこの浮き世を渡っていかなければならなくなりました。

とくに一葉は樋口家の「戸主」として、母親と妹を養わなければならない義務を背負います。まだ17、8歳の娘さんが、世間の荒波の中で、いったいどのようにして、一家の大黒柱として家族を養っていくというのでしょうか。

さて、ここまでを、一葉の人生の前半部分とすることにしましょう。

人生のターニングポイントであるこの時期、一葉はつらい思いを重ねました。一家の男性たちが亡くなったことにより、家は没落、婚約者には逃げられ、学歴不足のために教師の職も断られてしまうという始末です。誇り高き彼女は、人の世の無情をどれほど身にしみたのでしょうか。

それでもどうにか生きていかなければならない。彼女は自らの人生を、キャリアを真剣に模索しました。そして、家族を養うために「職業作家」としての小説家になることを目指すのです。

あこがれの仕事へ邁進する日々

小説家になる――――。

この思いとともに一葉の人生の後半部はスタートします。ここでは、彼女が書き残した日記をもとに、一葉の19歳からの人生を見ていきたいと思います。

一葉の日記は、それ自体がもはやひとつの文学のよう、明治時代に生きたひとりの女性が、何を感じ、何に苦しみ、どのように生きていたのかが鮮やかに浮かび上がる名作です。しかしながら、文体は古文であり、現代の私たちにとっては読みづらいことこの上ありません。ここでは、現代語訳（高橋和彦『完全現代語訳　樋口一葉日記』1993年11月　アドレエー）を使用して、その内容を紹介したいと思います。

日記を読み始めてまず感じるのは、四季や天候の記述の多様さです。一葉はつねに、季節の中にいます。また、彼女の一日は、天候とともにあります。

例えば、明治25年の2月から3月にかけての日記は、次のような感じになっています。

小説家を目指し、執筆にあけくれながら、「萩の舎」へも通い、和歌の稽古もする、一葉、20歳の日常です。

二月二十二日。雨。寒い。午前中は何もしないうちに過ぎ、午後は小説の執筆にかかる。しかし紙と筆をとって書き始めるまでにはいたらなかった。歌を五題ばかり詠む。風邪でも引いたのだろうか。頭痛がひどいので早く床に入る。

二月二十三日。曇。朝のうちに江崎牧子さんと兄への手紙を書く。それから小説の原稿にかかる。今夜も早く床に就いたが、眠れないで、小説の構想を考える。

二月二十四日。曇。大変暖かい。朝から昨夜考えた構想で書き始める。田中みの子さんから、明日数詠みの歌会をするので出席してほしいとの手紙が来る。日が暮れてから小説を二、三冊母上に読んでお聞かせする。夜になって強風。

二月二十五日。風やまず。大変寒い。髪を結って家を出る。戸田忠之さんが既に見えていた。伊東夏子さんは何か差し障りがあって欠席。数詠み題三十。四時頃に終わる。その後、小説の話などして、みの子さんは自作の小説を二つほど見せて下さる。日が暮れてから車を戴いて帰る。十一時頃床に入る。

二月二十六日。快晴。

二月二十七日。萩の舎の稽古日。風強く、寒さ厳しい。(略)

二月二十八日。朝早くから図書館に行く。今日も風強く寒い。(略)

三月三日。雨。(略) 今日は桃の節句なので白酒や炒り豆など用意して皆で祝う。「棚なし小舟」の続きを書く。その他は特に何事もない。

三月四日。雨。暖かい。和歌を七題十五首ほど詠む。小説の原稿書きで忙しい。

三月五日。雨。朝早くから萩の舎の稽古に出かける。（略）今日、前島菊子さんから女学雑誌を借りる。帰ってから早速、日暮れまで読み続ける。それから小説を書き、徹夜で「みなし子」第一回分を書き終わる。雨戸の外が明るくなり出してから、しばらく眠る。

三月六日。雨。七時に起きる。昨夜の原稿にもう一度目を通してから郵便で送る。（略）

三月七日。連日の雨も夜の間にすっかり晴れて、うららかに霞む朝の景色は大変のどかで、おだやかな春風に庭の梅の花が咲き乱れる様子は香り高い雪のようで、春を惜しむ鶯の声も聞こえ、わが家の春の庭の風情は他の人々に見せたいほどです。今日は半井先生をお訪ねしたいと思って母上に髪を結ってもらう。（略）

極寒であったり、急に暖かくなったりもする2月の末。桃の節句を経て、春の気配が漂いはじめる3月初頭。日常生活のなかに、季節の移り変わりをあざやかに感じ取ることができませんか？　明治という昔のことではありますが、天候の肌ざわりは、時を越えて私たちのもとへと届きます。越境する季節の触覚。これが一葉日記のひとつの魅力となっています。

一葉はこうして、四季の中にものを書き、晴れの日も、雨の日も、机に向かい、とにかく、書き続けます。自らの人生を書くことによって切り開こうとする強い意志を感じます。書き続ける原動力、それはもちろん、家族を養わなければならないという使命でしたが、一方で、ある人物との出会いが彼女の情熱を支えることになるのです。

その名は半井桃水、一葉の小説の師匠であり、彼女が一生、静かな恋情を抱き続けた相手であったと言われています。先に引用した「三月七日」の日記にも登場する半井との出会いは、明治24年4月14日、一葉19歳、半井31歳のときのことでありました。

雨が降ったこの日、一葉は妹の友人の紹介で、半井の家を訪問します。背が高く、顔もそれなりに良く、おだやかな感じのする半井に、ほぼ、一目惚れ状態であった一葉。さらに、家族を養うために小説を書きたいという一葉を気遣い、励ます半井に、うれしくて涙がこぼれるほどであったといいます。

父のように、兄のように頼もしい半井のもとで、一葉は小説修行に励みます。半井に誉めてもらいたい――――、一葉の心の中は、恋心と小説家になるという未来への野心でいっぱい、エネルギーに満ち溢れています。

ここで、このような一葉の、とある一日を、日記から引用してみます。時は明治24年8月8日。この日彼女は、前日、徹夜したにもかかわらず、朝から上野の図書館へと出かけていきます。

> 空には雲一つなく、焼きつくすような太陽の光、煙かと見えるほどの街路の砂ぼこりなど、暑いことはなはだしい。大学を通り抜けて不忍池の端へ出る。茅町あたりから蓮の花の清らかな香りがただよって、すがすがしい気持ちになった。「ひろごりたるは、にくし」と清少納言が言った夏の柳も、岸辺になびいているのは涼しく、まして、池一杯に咲きみちている紅白の蓮の花はすばらしく、朝風にひるがえって蓮の裏葉が見えるのも風情がある。

当時、本郷に住んでいた一葉は、帝国大学（現・東京大学）を通り抜け、不忍池に出ます。岸辺にゆらめく柳を見て、清少納言の描いた柳を思い浮かべる一葉。ゆらめく柳は彼女の感覚をはるか昔の平安にまでさかのぼらせたようです。

一方で、一葉の皮膚をとらえる真夏の暑さ、視覚をとらえる池に咲く紅白の蓮のすばらしさ、嗅覚をとらえる蓮の匂いは、そのまま時を越え、私たち読者の感覚にまで届いてきませんか？

さて一葉は、図書館で本を読んだ後、帰宅の途につきます。徹夜明けのぼーっとした身体に、暮れゆく夏の日の風景が滲みいっていく、そんな場面が日記に描かれます。

近道を通り、谷中から帰ろうと歩いてくると、夕日も次第に薄れ、夕焼けの紅色だけが残って、「あした天気になーれ」と唱う子供たちの声も、家路を急ぐ身にはせきたてられるように聞こえるのでした。道路端に床几というものを出して、洗いたての糊のきいた浴衣を着て、団扇で胸をあおいでいるのは、いま行水から上がったばかりなのだろう。十歳ばかりの女の子がシッカロールをまだらにつけて、三つばかりの子供———汗疹が出来たのだろうか、頭だけを真白に薬を塗っている———を背負って歩いているのも、いかにも夏らしい。根津片町の八百屋に赤い新芽が見えたので、土産にと少し買う。

家に帰った一葉は、家の外に出て彼女の帰りを待っていた母親に、暑かっただろう、疲れただろう、と気をくばられながら行水につかり、洗濯したての浴衣に着替え、妹が一葉の大好物である「薩摩炒り」を作り、くつろいだ、楽しい夕食の時間を過ごしたといいます。

私たちは、一葉の過ごしたこの夏の日を、蓮の花や夕日のあざやかな色、子供の声、洗い立ての浴衣のぱりっとした触覚、「薩摩炒り」などの味、蓮の花の匂い、などの五感でキャッチすることができます。もう二度と戻らない、明治24年の8月8日ではありますが、私たちは五感でこの過ぎ去った日を体験することができるのです。

夢に向かって邁進する日々の、鮮やかさ、そして、愛しさ。これらが約130年も経った今においても、五感を通してひしひしと伝わってきます。まだつかめていない目標であっても、そこに向かってひたむきに努力する姿こそが美しいのであり、そこにこそ、人間の魅力を見出すことができるのではないでしょうか。

〈労働〉と〈仕事〉を区別する

こうして、半井桃水という師匠につき、小説家修行をする一葉でありましたが、確か、一葉にはもう一人、師匠がいたはずです。14歳のときに入門した、女だらけの歌塾「萩の舎」。師匠は中嶋歌子。一葉は、小説を書きながら、ここにもまだ通い続けていました。

しかしある日、女だらけの「萩の舎」のなかで、一葉と半井桃水に対しての良からぬ噂が流れます。

そのころ一葉は、半井のはからいで雑誌などに小説を発表しはじめていた頃でした。多少の嫉妬も入っていたであろう女性たちの噂話を異常に気にかけた一葉は、師匠の中嶋歌子に相談をもちかけます。すると中嶋歌子は、関係を断ち切ったほうが良いと彼女を諭すのです。

ちなみに、当の中嶋歌子もまた、当時、男性関係のよからぬ噂をたてられている最中でありました。女性が世の中で活躍していく気配を見せると、どうやらいろいろな噂をたてられるようです。気にしないのが一番だと思いますが、なかなかそういうわけにもいきません。一葉は、毎日のように「萩の舎」の女友達に自身の身の潔癖を主張します。明治25年6月の日記です。

六月十六日。田辺龍子さんが見えていろいろとお話する。半井先生のことを話す。(略)

六月十七日。田中みの子さんが見える。彼女にも半井先生のことを話す。微笑みながら聞いていて、私の絶交のことを半ば疑っておられる様子がはっきりと見えた。(略)

六月十八日。伊東夏子さんが見えた。百年の知己の彼女とは何一つ隠すこともなく、思うままに語り思うままに無実を訴える。

まるで、もぐら叩きをするように、友人たちを一人一人説得し、噂をもみ消そうとする一葉。その必死さが日記から伝わってきます。

ちなみに、6月17日の日記に登場する田中みの子もまた、過去を怪しむよからぬ噂をたてられており、こうなってくると、世間というのは噂で成り立ち、噂で動いている、どこに流されるかわからないものだ、とぞっとしてしまいます。のちに一葉が小説家として世間に名が知られるようになったときも、女性作家ということが珍しいためか、さまざまな噂をたてられたようです。

それにしても、女だらけの歌塾「萩の舎」はいつも様々な噂話に満ちていたようです。日記には次のような記述もあります。

> 寄り集まって世間話をする。変に濁った世の中なので、話題になることはどれ一つとして汚らわしくないものはない。どこの誰にはこんな醜い行いがあり、ここの誰にはこんな汚れた噂があるとか、平生見聞きする友人などについても何らかの汚れのない人はないと言った口ぶりで話したてるのでした。

一葉は、噂に満ちたこの世間のど真ん中で苦しみ、戸を立てられない人の口から発せられる言葉を浴び続けました。だからこそ、後に作品を誉められても、「そんな言葉は信じない。どうせ明日になったらその同じ口で今度は悪口を言うのでしょう」と、人の世の裏側を、つねに意識していくのです。

そうこうするうちに、必死で書き続けた作品は次第に世の中に認められるようになり、24歳で亡くなる前年の明治28年からは、「たけくらべ」「ゆく雲」「にごりえ」「やみ夜」「十三夜」「わかれ道」「われから」などの名作を矢継ぎ早に発表しました。

ちなみに一葉は、24年の短い生涯において、15回も引っ越しをしています。今で言えば、千代田区、港区、台東区、文京区のあたりを転々としているのです。この中で、21歳のときに住んだ、東京の下町・台東区竜泉（当時は下谷区竜泉寺町と言った）は、一葉の作家として人生に大きな影響を与える場所となりました。

そもそも竜泉に引っ越した理由は、意を決し、荒物と駄菓子の店を開くためです。いよいよ、暮らしがぎりぎりまで困窮するようになった一葉は、「士族が商売をするなんて」と反発する母親を説き伏せて、生きていくための大きな選択をしたのでした。

当時の一葉は、小説を書くことによって収入を得、家族を養うという人生プランに悩んでいた頃でした。一葉のなかで、小説を書くことに対しての考えが、変わり始めていたのです。家族を養うために小説を書くという考えから、生活のための糧は商売で稼ぎ、小説は、心の赴くままに書いてみたいという考えへと、移行し始めていたのです。

一葉の中で、日々の糧を稼ぐために行うことと、自らの人生と信念をかけて探求することの区別がなされていくようになったのがこの時期でした。前者を、生活していくための〈労働〉、後者を、生きている証としての〈仕事〉とすると、一葉は〈労働〉として店を開くことを考え、一方で、現世の金銭に換算するだけではない価値を持つ〈仕事〉として小説を書くことを選ぶのです。

〈労働〉と〈仕事〉を分けて考えることは重要です。〈労働〉は、様々な条件や規則に縛られながら、より良い生活を支えていく手段です。一方で〈仕事〉は〈労働〉とは根本的に異なります。例えば、樋口一葉は小説を書くことを9時から17時、休憩時間をきっちり守って行っていたわけではありません。四六時中、小説のことを考えていたのではないでしょうか。また、近代の小説家の中には、小説を書くことに没頭するあまり、生活が破綻してしまった者も少なくありません。しかし彼らは生涯に渡り、書き続けました。〈仕事〉をやめなかったのです。〈仕事〉とは、その人の人生そのものであるからです。

21歳で竜泉に引っ越した一葉は〈労働〉と〈仕事〉の両立をはかるべく、新たなる決断をしたと言えるでしょう。はからずも、ここでの〈労働〉体験が、作家を目指す一様に大きな影響をもたらし、〈仕事〉の幅を広げていくこととなります。

一葉はこの町で、今まで住んでいた山の手にはいない、様々な人を見ます。すぐそばの吉原で働く遊女たちをはじめ、そこで生計をたてる男たち、遊郭に集まる大道芸人たち、彼らを親にもつ子供たち———ここには社会の底辺であえぎながらも必死に生きる人々がいました。〈労働〉をしながら接していく様々な人々により、一葉の人間を見る目が、飛躍的に深みをましていきます。彼女は人間というものの魅力を見出す力を得たのです。

それではここで、小説家・一葉に転機をもたらした東京の下町・竜泉が舞台となっている作品「たけくらべ」を読んでいくことにしましょう。

人間の豊かな魅力を描く

「たけくらべ」は、明治28年、一葉23才のときに発表された小説です。この作品は、竜泉での生活がなければ生まれないものでした。

おもな登場人物たちは、十代前半から中半の少年少女。喧嘩あり、淡い恋模様ありの思春期群像です。文体は、擬古文と呼ばれるいわゆる「古文」で書かれており、現代の私たちにとっては、とっつきにくいイメージがあるかもしれません。しかし、とにかくわからなくても音読してみると、ひとつのリズムに貫かれていることに気付くはずです。このリズム、なんだか気持ち良くないですか？　洋楽の歌詞はよくわからないけれどメロディーやリズムで好きになることはありませんか？　まずは意味よりもリズムを、是非、体感してみてください。

さて、リズムにのってくるころになると、なんとなく、イメージが沸く文章に出会うはずです。そこに浮かび上がってくるのが、10代前半から中半くらいまでの少年少女たち、すなわち、キャラクター（登場人物）です。

「たけくらべ」のストーリーは至極簡単です。思春期の少年少女が生きている、それだけです。学校に行き、派閥があり、もめごともあり、恋もある。そしてそれぞれが大人になっていく。舞台は、明治期の遊郭街・吉原周辺。ここを背景として、一人一人の登場人物たちが実に魅力的に描かれているのです。擬古文という、とっつきにくい文章であるにもかかわらず、キャラクターたちは、時代を越えて私たちの目の前に、等身大、かつ陰影をもった立体的な存在として浮かび上がります。一葉の人間観察力、ここにあり、という感じです。

まず登場するのは、藤本信如（15才）。龍華寺という寺の跡取り息子で、勉強家。背の高さは普通、いが栗頭やそのおとなしい性質が、どことなく、世俗を越えたものを思わせます。

続くキャラクターは、長吉（16才）。いわゆるガキ大将で乱暴者。横町組のリーダーとして、表町の子供たちとは対立しています。祭りの夜に、表町に喧嘩をしかけよう、と頭の良い信如に協力をもちかけたりします。

そして、対立する表町には、田中正太郎（13才）という少年がいます。家はお金持ち。愛嬌があってひょうきん者。愛らしい目をぐるぐると動かしておしゃべりする姿などがかわいらしい男の子ですが、横町組のリーダー、長吉には「敵」とみなされています。

こんな正太郎が、姉のように慕い、そして淡い恋愛感情を抱く相手が、ヒロイン・美登利（14才）です。美登利は、その名に現れているように、「美」へと「登」っていく過程にある、大変魅力的な少女です。色白で鼻筋が通り、口もとがしまっていて、人を見る目には愛嬌があるという容貌を想像してみてください。和歌山出身なので、言葉がいささかなまっているのもなんともかわいらしい、とのことです。気前のいい大らかな気性で、子供たちのグループでは女王様のような存在です。活発でおきゃんな、華のある女の子だと言えるでしょう。

そして最後に登場するのが三五郎（16才）です。額が出ていて獅子っ鼻、反っ歯でおどけ者の三五郎。横町に住む三五郎ですが、表町の正太のところにも出入りし、二股をかけている、という印象を与えてしまっています。

以上、キャラクターたちを紹介しました。これだけでも彼らの個性は出ていますが、表面的なものに過ぎません。作者・一葉はキャラクターたちをさらに掘り下げて描いていきます。

まず、おどけ者の三五郎。彼の「おどけ」の源にあるもの、それは貧しさです。三五郎の父親は人力車夫、子供は6人もおり、貧乏子沢山を絵に描いたような生活をしています。ちなみに、彼の家の大家は、横町組のガキ大将・長吉の父親であります。一方で、表町に住む正太郎の祖母に借金をしながら生きている三五郎の家族は、右にも左にも頭が上がらない生活を強いられているのです。

「お辞儀の鉄」これは三五郎の父親のあだ名です。人に頭をあげたことがない、というのです。こんな父親の後ろ姿を見てきた三五郎。彼は、横町組の長吉にも、表町の正太郎にも、誘われるがままにおどけて愛想をふりまきます。

あるとき、乱暴者の長吉は、「二股野郎」と三五郎をののしり、ぼこぼこに、殴る蹴るの暴力を加えます。「口惜しい口惜しい口惜しい口惜しい」と言い、体中に痛みを抱える三五郎。しかし相手は、頭の上がらない大家の息子です。家族に訴えることもできずに、黙ってくやしさを抱えるだけの三五郎ではありますが、そんな思いもすぐに忘れ、いつものおどけがはじまります。

「性根をどこにおいてきたんだか」と三五郎をばかにするのは、表町の正太郎と、遊び仲間の美登利です。ちなみに彼女たちは三五郎よりも年下です。年下に、いくらばかにされても、おどけ続ける三五郎。おどけなければ生きてはいけない道化の悲哀——。三五郎、16才の生きざまです。

一方で、三五郎をぼこぼこにした張本人・長吉は、喧嘩っ早いガキ大将ではありますが、卑怯な性格ではありません。彼の喧嘩には理由があります。表町へ喧嘩をしかけた根底には、仲間の年少者をいじめられたことへの仕返しの意味があります。また、長吉は、丁か半か、の人なのです。どのような事情であれ、わりきれない「二股野郎」が大嫌いなのであり、それは、誇り高き、江戸っ子気質なのであります。こうした性質は、鳶職人の親方である長吉の父親から受けつがれたものなのでしょう。

さて、こんな長吉が軽蔑する「金持ち」こそが、表町の正太郎です。彼は、高利貸しを営む祖母と2人で暮らしています。その職業のため、また、老婆であるにもかかわらず、妙に色っぽい態度で客に接するためか、人々から陰口をたたかれ、軽蔑される正太郎の祖母。ちなみに長吉は正太郎一家に対して、あんな奴を生かしておくよりたたき殺す方が世間のためだ、と言っています。

高利貸し、嫌われ者、老婆、世間のために殺す。こうくれば、樋口一葉にも大きな影響を与えた十九世紀ロシアの作家・ドストエフスキーの「罪と罰」において、主人公・ラスコーリニコフに斧で殺されてしまった老婆・アリョーナを思い出します。ドストエフスキーは、老婆・アリョーナを冒頭ですぐに殺してしまい、殺した方のラスコーリニコフに照明を当て、主人公としました。

しかし一葉は違います。嫌われ者の老婆の背後にまわり、その存在に光を当ててあててゆくのです。嫌われ者にも理由がある、これを孫の正太郎は涙ながらに訴えます。高利貸という職業も、すべては自分を育てるため、女ひとりで孫を育てていくためであるのだから、人々がおばあさんの悪口を言っているのを聞くのは本当につらい、と正太郎は言います。

さらに正太郎は、祖母の手伝いで、借金の取りたてをしなければならないとも言います。これは、13才の彼にとって大変つらい仕事なのです。友人の三五郎の家にも取りたてに行かねばならないからです。愛嬌があり、お金に苦労することのない正太郎ではありますが、泣きながら、美登利に訴えます。

訴えを聞く美登利もまた、泣きたい気持ちを抱えていました。三五郎が長吉たちに殴る蹴るの暴力を受けている現場に居合わせた美登利は、女だてらに勇ましく応戦しますが、「女郎め」「姉の跡つぎの乞食め」とののしられた上、草履を額に投げつけられます。

美登利の姉は、江戸時代から続く伝統ある遊郭・吉原の遊女です。父母もまた吉原で生業を営む家に育った美登利にとって、遊女として出世し、華やかな着物を着飾る姉は誇れる存在でこそあれ、さげすまれる存在などではないのです。

さて、このような美登利がほのかな関心を寄せる相手が、龍華寺の息子・信如です。まじめ一筋、堅過ぎるほど堅い少年・信如の父親である龍華寺の和尚は、20歳も年下の妻をめとり、寺の人間である傍ら商売にも精を出し、蒲焼きが大好きな、現世の欲望をぎらぎらさせる、いわゆる生臭坊主です。信如はこんな父親をいつも恥ずかしく感じ、父親のようにだけはなりたくない、と固く誓いながら生きています。

「たけくらべ」は、以上のようなキャラクターたちの物語です。それぞれの事情のもとで、懸命に生きる彼らの姿が、陰影をもって、そして魅力的に、目の前に浮かび上がってきませんか？

「今」を生きること

「たけくらべ」の後半は、淡い恋心を抱き合う、美登利と信如の関係が、切なく、美しく描かれます。胸がきゅんきゅんするような名場面に、思わずみなさんも、自らの思春期をなつかしく思い出してしまうはずです。そんな名場面のひとつを引用してみます。

> 意地悪の、根性まがりの、ひねっこびれの、吃りの、歯かけの、嫌な奴め、入って来たら散々といぢめてやる物を、帰ったは惜しい事をした、どれ下駄をお貸し、一寸見てやる、とて正太に代つて顔を出せば軒の雨だれ前髪に落ちて、おお気味が悪いと首を縮めながら、四五軒先の瓦斯燈の下を大黒傘肩にして少しうつむいてゐるらしくとぼとぼと歩む信如の後かげ、何時までも、何時までも、何時までも見送るに、美登利さんどうしたの、と正太は怪しがりて背中をつつきぬ。

一葉の人間を描く術は、すばらしいとしか言いようがありません。野暮な説明は一切加えずに、「何時までも、何時までも、何時までも」見つめる美登利の胸のうちを、見事に描ききっています。

さらに「たけくらべ」には、人々が生きる吉原という街が実にビビッドに描かれています。冒頭部分を引用してみます。

> 廻れば大門の見返り柳いと長けれど、お歯ぐろ溝に燈非うつる三階の騒ぎも手に取る如く、明けくれなしの車の行来にはかり知られぬ全盛をうらなひて、大音寺前と名は仏くさけれど、さりとは陽気の町と住みたる人の申き…

これらの記述を読むと、先に触れた一葉の日記の感覚を思い出します。暗いどぶにうつる遊郭の明かり、手に取るように聞こえてくる、遊女と客たちの楽しそうな騒ぎ声。さらに聞こえるのは、ひっきりなしに通る人力車の音。夜という闇のなかに、活気に満ちた吉原という街が浮かび上がります。

そしてこの街に生きる人々がいます。

> 住む人の多くは廓物にて良人は小格子の何とやら、下足札そろへてがらんがらんの音もいそがしや夕暮より羽織引かけて立出れば、うしろに切火打かくる女房の顔もこれが見納めか十人ぎりの側杖無理情死のしそこね、恨みはかかる身のはて危ふく、すはと言はば命がけの勤めに遊山らしく見ゆるもをかし、娘は大籬の下新造とやら、七軒の何屋が客廻しとやら、提燈さげてちょこちょこ走りの修行、卒業して何にかなる、とかくは檜舞台と見たつるもをかしからずや、垢ぬけせし三十あまりの年増、小ざつぱりとせし唐桟ぞろひに紺足袋はきて、雪駄ちゃらちゃら忙しげに横抱きの小包はとはでもしるし…

視覚から、聴覚から、吉原に生きる人々の「生」を私たちは感じることができます。例えば、「小格子の何とやら」として描かれる、客引きや遊女の警護をする男に注目してみましょう。彼が夕方、仕事に向かう際に、送り出す女房は火打石で火を打ちます。時代劇などでよく見かけるこの場面、「いってらっしゃい、気をつけて」の意味があります。それもそのはず、華やかな遊郭ではありますが、そこは、仮にも男と女の世界、殺傷沙汰や無理心中などは日常茶飯事、男はこんなときに身体をはって止めに入らなければなりません。死と隣合わせの世界、一寸先は闇、これがきらびやかな吉原であるのです。

一寸先は闇——　このことは、物語の少年少女にもあてはまるのではないでしょうか。彼らにはそれぞれ、まだ見ぬ「大人」の世界が待っています。それは彼らにとって、大きな「闇」であるはずです。「ゑゑ厭や厭や、大人に成るは厭やな事」とふさぎ込む美登利、そんな彼女を為す術もなく見つめる正太郎。彼は、「大人」の世界へ一足早く向かっていこうとする美登利を、謎のままに、ただ、見つめることしかできません。

結局、すべての登場人物たちは、一寸先は闇である世界にしか存在できないのです。しかし、こうも言えます。彼らは、闇の中に奇跡的にきらめいている「今」この瞬間の「生」を生きているのだ、と。彼らは、まだ見ぬ未来に怯えを抱き、とまどいながら、過ぎ去っていこうとしている明治という時代に確かに生きています。滅びゆく吉原という街の中に、確かに、生きて、輝きを放っています。

「今」私たちが生きていること、そして、見えて、音が聞こえて、匂いがして、感触があって、味がすることは、奇跡なのかもしれません。私たちは、過ぎ去っていった過去という闇、まだ見ぬ未来という闇に囲まれているのに輝いているのですから！

一葉の日記にある「今」、「たけくらべ」にある「今」。私たちは、奇跡の「今」を体感しました。樋口一葉の作品が、現在まで名作として読みつがれている理由、それは、「今」の強さにあります。作品を読めば、何度でも体験できる「今」。私たちの身体は年をとって滅びていこうとも、一葉の残した「今」は「今」であり続けるのです。

こんな「今」をひたむきに生きる人間の姿こそが、とても魅力的であるのではないでしょうか。

では最後に、もう一度、一葉の日記を引用します。

世間のありふれた作者の作品のように、一度読んだらすぐ屑籠に捨てられるような、そんな作品は書くまいと思っているのです。現代は人情が軽薄で、価値観も変わりやすく、今日喜ばれているものも明日は捨てられてし

まう時代だとは言っても、人間の真心を書き写したならば、たとえ僅か一枚の作品であっても、文学としての価値が無いと、どうして言えようか。私は贅沢をして立派な家に住みたいと願っているのではない。千年の後にまで残そうとする大切な名声を、ただ一時的な奢りや栄達でどうして汚してしまうことができようか。

5,000円札に描かれる、プライド高き女性作家・樋口一葉。彼女の目線は、貧乏に苦しむ現実や、噂話に満ちた浮き世を越え、また、まだ見ぬ未来の闇をも越えて、遠く「千年後」へと貫かれています。もしかしたら、「たけくらべ」に「何時までも、何時までも、何時までも」と表現される美登利の真如に対する視線は、「千年後」を見据える、一葉の視線そのものであったのかもしれません。

ここに、樋口一葉という作家の最も大きな魅力があります。はるか遠くをまなざす視線をもって「今」を必死に生きること。彼女が手にもつ人生を計る定規（スケール）はとても大きいものであったのです。

私たちは、少し先の未来のことばかり考え、不安に陥ってばかりいるのではないでしょうか。もちろん、一葉だってそうであったと思います。しかし彼女は、人生の少し先のことや細かいことを計る小さな定規をいったん置いて、大きなスケールを持ち、遠くを計ることも行っていたのだと思います。

みなさんも、もっと先へと視線を向けてください。さらなる先の大きな目標を見据えてくだい。遠くをまなざす視線を持って、この奇跡の「今」を生きてください。

監修・執筆

柴岡信一郎（しばおか　しんいちろう）

1977年生まれ。1999年、日本大学芸術学部卒業。2005年、日本大学大学院芸術学研究科博士後期課程修了。博士（芸術学）。同年、学校法人タイケン学園グループ副理事長。2008年、日本ウェルネス高校校長。2009年、タイケン学園大学設置準備室室長。2012年、日本ウェルネススポーツ大学副学長、スポーツメディア論研究室主宰。2014年、日本ウェルネス高校ゴルフ部を創部、部長として全国優勝7回・準優勝7回（2014-2020年）。同年、日本ウェルネス高校野球部部長。主に事業開発、学生募集、教職員教育、教務を担当。著書に『報道写真と対外宣伝』（日本経済評論社）、『プレゼンテーション概論』（朝倉書店）、『スポーツビジネス教本2020』（タイケン）など。

執筆

岩田諭（いわた　さとし）

1章担当。株式会社Strong Bondsds代表取締役。キユーピー株式会社「食と運動アドバイザー」。NPO法人プロップK理事。一般社団法人日本高齢者運動機能向上研究会理事。スパルタンレースオフィシャルSGXコーチ。2007年、パーソナルトレーナーの会社を起業。子供から高齢者・アスリートまで幅広い世代や分野における運動の指導。行政における健康推進活動、企業の健康経営、社会に向けた健康の発信、多数の運動指導者の養成、独立の斡旋等を行う。

渋井二三男（しぶい　ふみお）

2章担当。明治大学大学院理工学研究科博士後期課程修了。工学博士。沖電気㈱ｴﾝｼﾞﾆｱ、東京大学生産技術研究所研究生、NTT武蔵野電気通信研究所研究員、放送大学メディア教育開発センター研究員、さいたま日赤病院治験委員、城西大学教授（薬学部・現代政策学部・短期大学部）を歴任後、日本ウェルネススポーツ大学教授。専門は人工知能とネットワーク。著書に『人工知能の技術利用』（日本情報処理開発協会）。KDDI助成米国Boston研究派遣

鳥井佑亮（とりい　ゆうすけ）

3、4、5章担当。2003年、宮崎南高校卒業。2007年、城西大学経済学部経済学科卒業。2014年、株式会社BASE HR GROUP代表取締役就任。2020年、株式会社SUNホールディングス代表取締役就任。共著に『軽貨物運送で成功した10人の社長たち Part3』（玄文社）。

土屋理恵（つちや　りえ）

7章担当。熊本大学大学院社会文化科学教育科博士前期課程修了。修士（教授システム学）。日本ウェルネススポーツ専門学校広島校校長。日本語教師養成講座420時間修了、日本語教育能力検定合格。論文に「インストラクショナルデザインを応用した教師の行動変容のための校内研修の実践と評価」（『日本語教育』日本語教育学会、175号、2020年4月）、共著に『日本留学小百科 - 実用会話留日小常識篇』（愛知国際学院）がある。

浜野由美（はまの　ゆみ）

7章担当。安田女子大学文学部英語英米文学科卒業、立命館大学文学部日本文学科卒業。日本ウェルネススポーツ専門学校広島校専任講師・教務主任、日本ウェルネス高校広島キャンパス国語科講師。日本語教師養成講座420時間修了、日本語教育能力検定合格。

武居由美（たけすえ　ゆみ）

7章担当。名古屋女子大学文学部英語英文学科卒業。日本ウェルネススポーツ専門学校広島校専任講師、日本ウェルネス高校広島キャンパス英語科講師。日本語教師養成講座420時間修了、公益社団法人日本語教育学会主催中堅日本語教師研修修了。

山下聖美（やました　きよみ）

8章担当。2001年、日本大学大学院芸術学研究課博士後期課程修了。日本大学芸術学部文芸学科教授。日本近現代文学専攻。著書に『別冊100分de名著　集中講義宮沢賢治』（NHK出版）、『女脳文学特講』（三省堂）、『新書で入門　宮沢賢治のちから』（新潮新書）、『一〇〇年の坊っちゃん』（D文学研究会）、『検証・宮沢賢治の詩 <1>』（鳥影社）など。

装丁 ● 小野貴司
本文 ● BUCH+

社会人《しゃかいじん》になるための
キャリア情報《じょうほう》リテラシー

2021 年 3 月 26 日　初版　第 1 刷発行

監著者　柴岡信一郎《しばおかしんいちろう》
発行者　片岡 巌
発行所　株式会社技術評論社
東京都新宿区市谷左内町 21-13
電話　03-3513-6150 販売促進部
03-3267-2270 書籍編集部
印刷／製本　図書印刷株式会社

定価はカバーに表示してあります。

ISBN978-4-297-11956-0 C3055
Printed in Japan

本書へのご意見、ご感想は、技術評論社ホームページ（http://gihyo.jp/）または以下の宛先へ書面にてお受けしております。電話でのお問い合わせにはお答えいたしかねますので、あらかじめご了承ください。

〒162-0846
東京都新宿区市谷左内町21-13
株式会社技術評論社書籍編集部
『社会人になるための
キャリア情報リテラシー』係

本書のご購入等に関するお問い合わせは下記にて受け付けております。

（株）技術評論社
販売促進部　法人営業担当

〒162-0846
東京都新宿区市谷左内町21-13
TEL：03-3513-6158
FAX：03-3513-6051
Email：houjin@gihyo.co.jp

本書の2章の執筆には、日本商工会議所関連資料を参考にさせていただきました。ここに忠心より厚く御礼申し上げます。